1955(昭和30)年にデビューした東京急行電鉄玉川線デハ200形。航空機のボディーに範を得た張殻構造のボディーマウントの車体は衝撃的であった。　　　　　　　　　　　　　　　　　　　　　　　　1955.7.9　大橋　P：荻原二郎

カラーグラフ
民営鉄道にも導入された高性能路面電車

西日本鉄道福岡市内線1101形1104号。輸送力増強の為に西鉄では1953(昭和28)年以降、北九州線と福岡市内線に連接車を投入したが、福岡市内線の連接車は日本の路面電車では初の中空軸平行カルダン駆動を採用した。
1959年　渡辺通一丁目
P：J.W.Higgins
(所蔵：NPO福岡鉄道史料保存会)

熊本市交通局 5000形5014号。元西鉄福岡市内線1001形1014号で、現在でも西鉄時代の復刻カラーをまとい朝のラッシュ輸送に活躍している。
2017.3.19　上熊本駅前
P：松田義実

熊本市交通局 5014号の主電動機と駆動装置。登場当時の中空軸平行カルダン駆動装置を今に伝えている。
2019.11.12　熊本市交通局 大江車庫　P：松田義実

東洋電機製造の路面電車向け中空軸平行カルダン駆動装置の広告。
所蔵：NPO福岡鉄道史料保存会

東武鉄道日光軌道線200形連接車。台車は従来型であるが急勾配対策として、防音防振試作車の東京都電6500形と同等品である、東洋電機製の制御装置と電空併用ブレーキを装備していた。観光名所の神橋の前を行く。
1968.2.24　神橋　P：荻原二郎

南海電気鉄道大阪軌道線モ501形。中空軸平行カルダン駆動、電空併用ブレーキに空気ばね台車を装備するハイレベルな仕様が特徴である。写真は広告塗装として「雲電車」になった当時の502号で、好評であったため近年にも復活を遂げている。
1977.7.28　松虫
P：荻原俊夫

モ501形は阪堺独立後、冷房化を経て現在も活躍を続けている。写真は登場当時の復刻カラーと、浜寺～天王寺直通運転をアピールする広告を纏った505号のサイドビュー。空気バネ台車も健在である。
2011.12.10　住吉
P：宮武浩二

宮島線直通仕様として登場した広島電鉄2000形2009号。2000形は2001号を除き、1974(昭和49)年より輸送力増強のために2両永久連結化された。
P：合葉清治

同様に宮島線直通仕様として登場した広島電鉄2500形2503号。登場当時は「カップルカー」の愛称があった広電初の連接車。間もなく見納めとなる猿猴橋町から広島駅前への進入ルートでのショットである。
P：合葉清治

広電2500形は1986(昭和61)年より、3両連接車への改造と冷房装置の取付を行い3100形となった(右)。後継の3900形(中央)、5200形(左)との並びである。
2022.3.12　荒手車庫　P：松田義実

民営鉄道編のはじめに

　1950年代は、日本国内の路面電車は戦後の全盛期を迎えており、いわゆる六大都市・地方都市の交通局で運営されていた都電／市電の他に、大手私鉄、地方私鉄が運営する軌道線も大半が健在であり、百花繚乱の様相を呈していた。

　戦後復興を終え、米国PCCカーのような性能を持つ全く新しい電車を望んだのは民鉄も同様であり、特に高速電車の技術革新による高性能車の黎明期において、業界をリードしたのはメーカーとの協力体制をいち早く築いた大手私鉄であったことは論を俟たない。

　今回の「民鉄編」では、六大都市の「無音電車」とはまた違った特色を持った、1950年代中盤から1960年代初頭にかけて登場した民鉄による路面電車用高性能車を紹介する。また、「公営カルダン車編」で紹介できなかった間接自動制御／弾性車輪という「無音電車」のコンポーネンツを適用しつつも「吊掛駆動方式」を採用した「準・高性能車」も併せて掲載することにした。「無音電車」のタイトルに対して異論は承知であるが、車両技術発達史の観点から除外することは出来ないためご容赦願いたい。

西鉄福岡市内線貫線（貫通線）の名所、福岡城の堀端である平和台付近を快走する1009号連接車。この福岡城址にプロ野球西鉄ライオンズの本拠地である平和台球場があり、野球観客輸送にこの連接車が有効活用されていた。現在では平和台球場は地行浜のドームに移転し、この撮影地の地下を走る福岡市地下鉄がその役割を担っている。
　　　　　1970.3.5　平和台　Ｐ：荻原俊夫

高性能車「日立モデルカー」として登場した土佐電気鉄道500形。写真は安芸線直通にも使用された高性能車の時代で、名古屋市電1902～1921と兄弟車の関係である。
1960.5.19 知寄町
P：山本淳一

1．民営鉄道の「無音電車」

1.1 土佐電気鉄道　500形

○鉄道線直通対応の日立製作所「モデルカー」
●形式：土佐電気鉄道　500形501号
●製造：日立製作所笠戸工場／1954（昭和29）年
●電装品／駆動装置／台車：日立製作所

　土佐電気鉄道創業50周年を記念して、1954年に1両が日立製作所で製造された。車体は1950（昭和25）年から製造されていた200形（都電6000形のコピー）同様であるが、当時製造が始まっていたいわゆるカルダン駆動の高性能車としてデビューした。

　台車は日立KL-5、揺れ枕吊りに日立謹製のカム式吊りリンクを採用した軸梁式台車で、摺動部に防振ゴムを多用、六大都市により組織された「無音電車規格統一研究会」で名古屋市電が担当したスペーサーボルト使用の剪断ゴム入りの弾性車輪を使用している。

　駆動装置は日立製作所形式OP-30K型直角カルダンドライブである。これはPCCカー由来のギヤ比7.17ハイポイドギヤではなく、日立が開発した捩れ傘歯車（スパイラル・ベベルギヤ）を採用しており、ギヤ比も55:7=7.86と非常に大きい。

　主電動機は日立HS-503Arbで名古屋市電1900形や2000形、大阪市電3001形3031～3050号と同等品である。

　制御装置は間接式自動加速で当初MMD-LB-4、抵抗短絡用に電動ドラム式を採用したが、抵抗短絡用チップや接点の荒損などトラブルが多発し、保守に手間がかかることで早々にMMC-LB-4に換装している。これは抵抗短絡用ドラム接触部を小型カム軸式に置き換えたもので、名古屋市電の1815→1901号も同じ経過を辿ったのは「公営カルダン車編」で述べた通りである。

　制動装置はSM-3D電空併用直通空気ブレーキで、ブレーキ弁での電空併用操作であった。しかしブレーキ操作はセルフ・ラップ式ではなく三方弁マニュアルラップ式であり、PV-3に電制用電気接点を組み込んだタイプであると推測される。

　以上のように、製造元の日立製作所の最新技術満載で正にデモカーの性格を有していた。またその機器構成は台車・電装品メーカーが同一の名古屋市電1900形に類似しており、兄弟車と言っても過言ではない。

土佐電鉄500形501号の台車、日立KL-5の登場時の姿。名古屋市電1902～1921も同形式の台車を履くが、ギヤボックスが異なる。
出典：日立製作所カタログ

日立KL-5の吊掛駆動改造後の姿。台車枠の右に端梁を追加して、主電動機外掛けのバーサスペンション式吊掛駆動に変更された。車輪も弾性車輪からスポーク車輪に換装されている。
1969.4.7 後免町　P：荻原俊夫

高性能車として登場した土佐電500形ではあるが、1965年に直接制御・吊掛駆動方式に改造され、安芸線直通の任を解かれて市内線専用となった。写真背後に安芸線の車両が見える。
1969.4.7　後免町　P：荻原俊夫

　こうして新機軸満載でデビューした500形には大役が待っていた。鉄道線である安芸線との直通運転業務であり、落成直後の1954(昭和29)年夏に初の乗り入れ業務という大役を務めた。その高性能を発揮できる鉄道線乗り入れは適任で、主に安芸線手結(てい)までの直通運用に就いていたという。
　そのような状況から500形の更なる増備に期待がかかったかと思われたが、実際は保守面で手間がかかったようでその後の増備は間接非自動(HL近似の日車製制御器)総括制御による連結運転仕様の吊掛駆動車200形増備車と600形となった。

　500形も1965(昭和40)年には直接制御、吊掛駆動に改造され市内専用車となり、2002(平成14)年までその姿を見ることができた。なお吊掛駆動改造の際、神戸市電1150形のような台車換装ではなく、KL-5を改造して引き続き使用するという非常に珍しいケースとなった。H型台車枠で端梁を省略した構造であったが、新たに端梁を追加しいわゆる主電動機外掛け式バー・サスペンション吊掛式駆動に改造された。モーターの向きが90度変わる形になるが、直角カルダンモーター装架用のトランサムなどはそのまま存置されたと推測される。

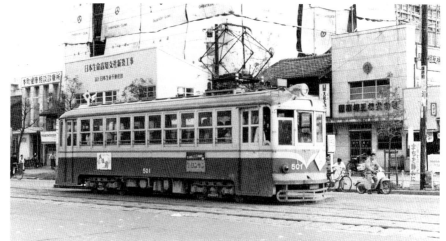

500形は登場当初は鉄道線である安芸線直通運用に就役していたが、後継の連結運転対応車600形などの就役により、写真のように軌道線内運用にも使用されていた。
1960年　大橋通
P：山本淳一

9

西日本鉄道福岡市内線1101形連接車1103号。西鉄の連接車群では初期グループの半鋼製車であるが、中空軸平行カルダン駆動を採用している。
1958.6.16 東中洲　P：中村夙雄

2．大手私鉄軌道線の間接自動制御／カルダン駆動採用の高性能車

　1950年代に軌道網を擁していた大手私鉄である東京急行電鉄・南海電気鉄道・西日本鉄道でもカルダン駆動を採用した高性能車を新造しているが、同時に鉄道線を運営していた経験から弾性車輪とハイポイドギヤを用いた直角カルダン駆動を採用せず、はす歯（ヘリカルギヤ）を用いた中空軸平行カルダン駆動を採用したことが特筆される。公営の企業体では見られなかった特徴である。

■土佐電500形・西鉄福岡市内線1001・1101形 諸元表

事業者	土佐電気鉄道	西日本鉄道 福岡市内線	
型式	500形 501号	1001形 1001〜1015号	1101形 1101〜1105号
製造年	1954年	1954(昭和29)年／1957(昭和32)年	1954(昭和29)年
製造メーカー	日立製作所笠戸工場	川崎車輌	汽車製造東京支店／大榮車輌
全長×全幅×全高(mm)	12300×2210×3820	18400×2400×3937／3940	18400×2400×3937
自重(ton)	15t	21.6t／22.0t	22.0t
車体構造	半鋼製	半鋼製・準張殻構造	半鋼製
定格速度／起動加速度／減速度	25.3km 2.76km/h/sec 3.66km/h/sec	33.2km/h 2.8km/h/sec 不明	←
台車	日立KL-5	川崎車輌OK-10A/B、OK-10C/D	汽車製造KS-111
車体支持方式	揺れ枕吊り カム式吊りリンク	揺れ枕吊り	←
枕ばね	コイルばね／オイルダンパー	コイルばね／オイルダンパー	←
軸箱支持方式	軸梁式	軸梁式	ペデスタル軸ばね式
軸ばね	コイルばね	コイルばね	←
車輪	日立PCC型弾性車輪 剪断ゴム式	一体鋳造車輪	←
制御システム	日立MMD-LB-4→MMC-LB-4	東洋ACD-438-536-B	←
主幹制御器	不明	東洋電機製造 ES-58B	←
制御電源	MG／DC100V	架線電源より抵抗降圧／DC100V	←
制御機器動作方式	電空単位スイッチ	シーケンスドラム	←
抵抗短絡方式	電動ドラム式→電動カム軸式	電動カム軸式	←
予備励磁方式	—	—	—
主電動機	日立HS-503-Arb	東洋電機製造TDK-828-A／TDK-828-A1	東洋電機製造TDK-828-A
出力／電圧／電流	30kw 300V 115A	38kw 300V 144A	←
回転数／重量／個数	1600rpm 320kg 4個	1800rpm 396kg 4個	←
駆動方式	日立直角カルダン スパイラル・ベベルギヤ	東洋電機製造 中空軸平行カルダン	←
歯車比	55:7=7.86	94:14=6.71	←
電制／空制同期			
発電ブレーキ操作	電空併用ブレーキ弁 4ノッチ	MC逆回転3ノッチ	←
空気ブレーキ	SM-3-D	SME	←
ブレーキ弁	不明 三方弁マニュアルラップ式	M-18-A三方弁マニュアルラップ式	←
基礎ブレーキ	踏面片押式	踏面片押式	←

川崎車輛公式写真に見る、西鉄福岡市内線1001形連接車のトップナンバー1001号。スマートな排障器が印象的である。
所蔵：NPO福岡鉄道史料保存会

2.1　西日本鉄道 福岡市内線 1001形・1101形

- ●形式：西日本鉄道 福岡市内線1001形
  1001～1005号・1006～1015号
  西日本鉄道 福岡市内線1101形
  1101～1105号
- ●製造：川崎車輛(1001形)・汽車東京(1101形)
  1954(昭和29)年6～7月
  川崎車輛(1006～)：1957(昭和32)年

- ●電装品／駆動装置：東洋電機
- ●台車：川崎車輛(1001形)・汽車(1101形)

　1954年に1001～1005・1101～1105の10編成が登場した福岡市内線のカルダン連接車。この車両が果たして「無音電車」・「和製PCCカー」にカテゴライズされるかは、個人的には議論が必要と考えるが、鉄道関係の著書では「和製PCC」の一員と紹介されることもあり、ここに紹介する。なお同じ西鉄の軌道線として北九州市内線が当時存在しており、先行してこちらに登場した連接車1000形についても軽く触れる。

汽車会社の公式写真に見る西鉄福岡市内線1101形1102号。川車製1001形に比べて、角張った車体と拡大された側窓が特徴。稲葉克彦氏の調査により、実際の製造は大榮車輛が担当したことが判明している。
所蔵：NPO福岡鉄道史料保存会

11

天神を行くツーマン改造後の1101形1102号。1001形に比べ角ばった印象の車両で、福岡市内線第一次廃止まで活躍を続けた。背後の天神ビルは、令和の現在も健在。
1970.3.5 天神
P：荻原俊夫

　西鉄軌道線初の連接車である1000形を設計する際に性能上の指標とされた車両は、「公営カルダン車篇」でも紹介した1937(昭和12)年より製造の九州鉄道(→九州電気軌道との統合を経て現・西鉄天神大牟田線)21型→西鉄200形である。

　西鉄の軌道線・北九州線ではインターアーバン九州電気軌道が祖ということもあり駅間距離が長く、開業直後から専用軌道では55km/hの閉塞運転を実施していた。線形も厳しく併用軌道区間には40‰の急勾配が点在し、車両もボギー車で市内電車は手ブレーキ主流の明治時代に直通空気ブレーキを採用したモーター出力37kW×2ギヤ比3.0の高速仕様であった。よって1953(昭和28)年秋に投入された北九州仕様の連接車1000形は高加速かつ定格速度の向上も必要であり、モーター出力45kW×4(東洋TDK534-A/端子電圧300V/1,200rpm)、ギヤ比4.06、起動加速度2.5km/h/s、定格速度36.2km/hと高速走行寄りの仕様であった。

　しかし、それは機構的には当時他社局で登場し始めた高性能市街電車に範を取ったものであり、制御装置は東洋電気製造の電動カム軸式ES536-Aで直並列組合せ13段、発電制動13段、マスコンはES-58Aで電動3ノッチ制動5ノッチである。台車は高速走行での蛇行動防止を狙った川崎車輛の軸梁式台車OK-9で、過渡期なのか平軸受が特徴的。弾性車輪はテストで1編成採用したが、基礎ブレーキが踏面ブレーキであり、保守上の課題もあって波及することはなかった。

　駆動装置は出力を確保するためのモーター寸法確保のためだったのか駆動方式は吊掛式であったが、定格回転数1,200rpmと吊掛駆動用主電動機としては異例の高回転型であり、端子電圧300Vで電制常用対応。

Column　米国PCCカーにインスピレーションを得た九州鉄道21形→西鉄200形

入線当時の九州鉄道21型。その体躯からは想像もつかない走行性能を誇った。
1937年　九鉄福岡(現・西鉄福岡(天神))
P：山本魚睡コレクション(監理：NPO福岡鉄道史料保存会)

　21型は当時製造開始間もない米国ＰＣＣカーの技術情報を得た九州鉄道／芝浦／汽車会社が協力の下に「軽量高加減速」を標榜し、GEタイプPCCコントロール(加速器)の源流となった電空油圧カム軸式PCMコントローラーを国産化した芝浦／東芝のPA型多段制御装置を採用。定格出力45kW×4、定格回転数1,200rpmの高速電動機を搭載し、戦前の鉄道線車両としては驚異的な全界磁定格速度58km/h、起動加速度3km/h/secを実現。「軽量高速車」と謳われた車両である。

天神交差点を貫通線姪浜に向けて進行する川崎車輛製1001形1004号。西鉄福岡市内線独特のツーマン連接車の表札が珍しい。
1970.3.6　天神　P：荻原俊夫

　最大の特徴はその吊掛式駆動装置を含めた主電動機重量であり、860kgと吊掛駆動方式としては驚異的な軽量化がなされており、黎明期を迎えていた直角カルダン駆動システムと比較しても遜色ない数値である。
　翻って福岡市内線は、福博電気軌道と博多電気軌道が敷設した純粋な市内電車である。戦後まで単車が多く残り、ボギー車への更新が急がれた経緯があった。線形33‰の山越えが1ヶ所あるのみの平坦線であり北九州型のように高速性は必要がなかった。しかし西鉄は北九州線向け連接車に遅れること約半年の1954(昭和29)年夏、福岡仕様の連接車にカルダン駆動を導入する。
　1954年6月と7月、それぞれ1001形(川崎車輛)と1101形(汽車東京)が竣工。形式が別れたのは製造メーカーで分けたためである。北九州型が川崎車輛製のみ登場してその後近畿車輛、帝国車輌、日立、日本車輛と製造メーカーが多岐に渡っても通し番号であったのに比べると対照的である。
　車体は軽量化を志向しており、川崎車輛製1001形では普通鋼準張殻モノコック構造を採用している。西鉄の連接車は車体長18.4m(2車体連接)だが、車重は年次車ごとに微妙な差異はあるものの福岡型連接車1001形は21.2～21.6tとなっている。1m当たり1.15～1.17t/mであり、同じ連接車で超軽量車の東急玉川線デハ200形(後述)の1.05t/mには及ばないが、軽量車と言われた京都市電700形が1.18t/mと拮抗しており、その事実は注目に値する。
　台車は1001形が川崎車輛軸梁式OK-10、1101形は汽車会社軸ばね式KS-111とメーカー勧奨の台車が採用されている。他社局と違い弾性車輪は採用しなかった。
　そしてモーターと駆動装置が北九州形の吊掛式からカルダン駆動に飛躍している。モーターは東洋電機製造TDK828-A(38kW 端子電圧300v)。このモーターは典型的な黎明期のカルダン駆動用主電動機で定格回転数1,800rpmの傑物である。駆動機構は東洋電機製造のTDカルダン式中

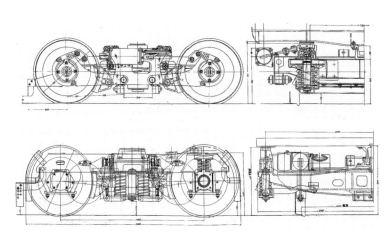

軸梁式OK-10A(川車製・上)と軸ばね式KS-111(汽車製・下)台車図面。
所蔵：福岡共同公文書館
軌道許認可　昭和29年西日本鉄道
「車両設計認可申請」

空軸電動機平行可撓動力装置、いわゆる中空軸平行カルダン式KB60/50-HFでこれも最初期の製品で車輪径660mmの低床台車では国内初の採用となった。特徴は、その後標準的な構造となる撓み継手2枚構成ではなくモーター側の一次継手にゴム併用の歯車形軸継手となっている事である。歯車比は94:14＝6.71であるが、東洋電機では設計段階で95:13＝7.31の高ギヤ比対応としており、福岡型連接車においては加速/牽引力重視ではなく定格速度を高めに設定する目的があったと思われる。そのため、起動加速度は2.8km/h/secと低く取られている（北九州型は2.5km/h/sec）。他社局の高性能車が3.0km/h/sec以上の加速度を誇っていたのと比べると少々控え目に見えるが、定格速度を33.2km/h（北九州型は36.3km/h）、最高速度65km/h（北九州型は63km/h）と高く設定しており、延々と加速する息の長さが特徴で、限流値を高く取れる高速回転モーターの特性を巧みに利用したと言える。どちらかというと加速重視の路面電車仕様というよりは郊外線を走る高速電車系の走行特性を備えていたと見るべきである。

元西鉄福岡市内線1001形1014号である熊本市電5014号の川車OK-10C台車。1957（昭和32）年製造グループの1001形二次車に装備された。台車枠が変化している。　2017.3.19　P：松田義実

　制御装置は間接自動進段、北九州型連接車と同様の東洋電機製造電動カム軸式ES-536Bで直並列組合せ接続であり直列7段並列6段弱め界磁なし、主幹制御器はES-58B電動3ノッチ制動3ノッチである。同時期の高性能市街電車群ではいち早く電動カム軸式を採用しているが、制御電源は他社局のように電動発電機（MG）からの供給ではなく架線電源からの抵抗挿入による100V電源であり、PCC由来ではなく、戦前からの高速電車系の技術が由来であったことが分かる。ただ電制常用に対応されており発電制動をマスコン側で制動3ノッチ、制動ステップを13段設定している。予備励磁は採用しておらず電制投入の際は、電制1ノッチで予励操作を必要とした。

　以上のように戦前から実績のある東洋電動カム軸式コントローラーのパッケージをダウンサイジングしたものと見ることができる。

　制動装置は非常弁付き直通ブレーキSMEで三方弁マニュアルラップ式M-18ブレーキ弁を採用、この辺りは北九州型と同様手堅く構成している。セルフ・ラップ機構を導入して四苦八苦した他社局とは対照的である。

■西鉄福岡市内線のTDカルダン駆動装置　　　所蔵：福岡共同公文書館　軌道許認可　昭和29年西日本鉄道「車両設計認可申請」

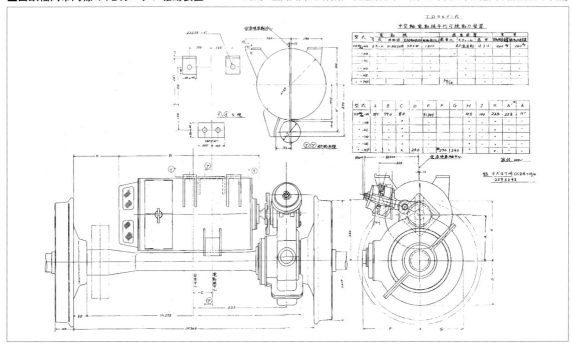

西鉄福岡市内線1001形の1957年製造の2次車1013号。このグループの1011〜1015号は、入線直後に輸送力が逼迫していた北九州線に急遽転属し、北九州線2000形を名乗っていた。1960(昭和35)年初頭に福岡市内線へ復帰している。　　1961.11.26　博多　P：荻原二郎

　一方で1954(昭和29)年6〜7月に1001〜1005、1101〜1105の10編成が登場した福岡市内線のカルダン連接車は特に問題もなかったようで、1957(昭和32)年春に10編成が増備された。10編成とも川崎車輌／東洋電機製造の組み合わせで1001形の二次車、1006〜1015である。

　一次車との変更点は、
1. 当初から連接部の全断面貫通路
2. 車内灯の蛍光灯採用
3. 窓枠をアルマイト化
4. 車体を半鋼製から全金属製に変更。
5. 台車枠の変更(OK-10AB→ OK-10CDに変更)
などである。

■東洋電機製TDK828A型モーター図面　　　　所蔵：福岡共同公文書館　軌道許認可　昭和29年西日本鉄道「車両設計認可申請」

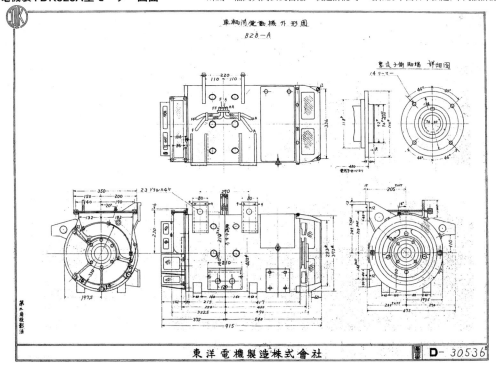

西鉄北九州線2000形2011号。足掛け2年半ほど、北九州線で活躍していた。これは北九州時代の貴重なショット。この北九州を経験したグループは、福岡市内線廃止後に数奇な運命を辿ることとなる。
1958.6.15 尾倉町　P：中村夙雄

　車体の全金属化でより屋根の厚みが増し、パンタグラフからの結線も車体に収容されて、よりスマートな出で立ちとなった。
　さて福岡市内線用に増備された二次車だが、輸送力が逼迫していた北九州線に応援として5編成1011～1015が転籍することになった。車番をそのままで転籍させると、北九州線にはすでに北九州形連接車1011～1015（川崎車輛＆近畿車輛製）が在籍しており車番が重複してしまうこと、さらに車両性能そのものに相違があることから新たに「西鉄北九州線2000形」を起こし、車番は2011～2015を付与した。
　こうして北九州型連接車（45kw×4 ギヤ比4.06 吊掛駆動 起動加速度2.5km/h/sec 最高速度63km/h）に混じって北九州線運用を開始した福岡型連接車（38kw×4 ギヤ比6.94 中空軸平行カルダン 起動加速度2.8km/h/sec 最高速度65km/h）だが、走行条件がはるかに厳しい北九州線（専用軌道と筑豊電鉄乗り入れでの最高速度60km/h閉塞運転、数箇所点在する40‰の急勾配etc…）でも特に問題もなく運用に入っていたようで、改めてその基本性能の優秀さを確認する形となった。その後1959（昭和34）年12月まで足かけ2年半北九州線で活躍を続け、福岡市内線へ復帰している。
　こうして20編成が稼働した福岡型カルダン連接車だが、1975（昭和50）年11月の福岡市内線第一次路線縮小で連接車は全て廃車となった。このうち1001形は1010・1011・1014・1015の4編成（奇しくも北九州線からの復帰グループ）が熊本市交通局へ、1101形のうち1101・1102の2編成が広島電鉄へ譲渡された。
　広電移籍組は3両連接車へ組替え、台車を同時に広電譲渡の1201形／1301形の日立KL-13／汽車会社KS-117に振替で吊掛駆動に改造された。しかし熊本移籍組は台車OK-10に中空軸平行カルダン駆動を変更せずに冷房改造を受け活躍を続けた。
　1014→熊本市電5014は2002（平成14）年に西鉄軌道線カラーに復刻、2009（平成21）年に老朽化により運用停止になるまで運用が続いた。休車となりこれで福岡型カルダン連接車の命脈を絶ったかに思われたが、2017（平成29）年にまさかの復活劇を経て、車齢65年を過ぎた現在でも営業車として現役であり、高性能車黎明期を今に伝えている。

熊本市電5014号の東洋ES-58Bマスコン。福岡→北九州→福岡→熊本と1957（昭和32）年の製造以来、数奇な変転を経て現在もノッチを刻み続けている。　2017.11.12　水道町　P：松田義実

東急デハ200形はその独特な風貌から「ペコちゃん」の愛称で親しまれた。写真は玉電晩年期で拡幅後の国道246号(大山街道)だが、自動車に軌道敷を占領され、せっかくの高性能車の本領が発揮できない状況がよく理解できるショットである。　1969.2.12　大橋　P：荻原二郎

2.2　東急玉川線デハ200形

○東急渾身の作「早すぎた超低床車」
● 形式：東京急行電鉄(玉川線)
　　　　デハ200形201〜206号
● 製造：東急車輌／1955(昭和30)年
● 電装品／駆動装置：三菱電機・東洋電機製造
● 台車：東急車輌

　1977(昭和52)年に東急新玉川線(現在の田園都市線 渋谷〜二子玉川間)が地下線区で開通する以前、1969(昭和44)年までは渋谷〜二子玉川園間および三軒茶屋〜下高井戸(現在の世田谷線)は軌道玉川線、通称「玉電」として親しまれていた。デハ200形はその車両運用改善を期して1955年に製造された東急初の「連接車」である。当時東急でも米国PCCカーに関心を寄せており、日本版PCCを志向した旨、製造の際に東急

デハ200形の先頭部サイドビュー。現代の超低床車と同様の、小径車輪を用いた低床台車と長めのオーバーハングが大きな特徴である。
1955.7.30　二子玉川園
P：鈴木靖人

17

入線直後の東急デハ200形205号が二子玉川園構内に停車中。日本版PCCを指向しつつ、乗降性向上と大量輸送を追求した「元祖LRV」と呼んでも過言ではない、エポックメーキングな車両であった。　　　　　　　　　　　　　　　1955.7.9　二子玉川園　P：荻原二郎

が製作したリーフレットでも明言されている。

車両概要は2車体3台車構成の連接車となっている。これは玉川線の乗客増と過密ダイヤの解消にあたり、1列車単位の輸送力増強の狙いがあった。

さらに当時所有していたボギー車は3段ステップの高床車であり、乗降の際の支障を看過できなくなっていたため、乗降の容易化による駅停車に伴う乗降所要時分短縮を目的に、床高590mmの低床車とされ、さらにホールディングステップを装備するという独創的な設計となっている。

車体は低床と軽量化のために、航空機に範を取った準張殻構造で床下機器も全てボディー・シェルに収納する「ボディマウント」方式を採用。その卵形の車体断面はまさに航空機のボディそのものである。

ボディマウントより唯一露出している台車は東急車輛製TS-302である。床高590mmの低床構造を実現させるために車輪径510mmという小径車輪となり、PCCカーのB-3台車と同様に内側軸受構造を採用。車輪径の関係で弾性車輪は採用せず、軸箱支持装置に弾性車輪同様の防音防振効果を狙い、軸箱上部に圧縮ゴム、軸箱左右に剪断ゴムを用いたゴムブッシュ支持機構を採用した。連接台車は国内では前例がない1軸式台車であるTS-501であり、車軸が曲線中心を向くリンク式操舵機構を備えていた。

主電動機・駆動装置は、専用品の東洋電機製造のTDK-827-A（1時間定格38kw/160A/1,500rpm）で、端子電圧を275Vと低く設定しているのが特徴的。組

デハ200形の台車。東急車輛製TS-302（左）と連接部台車TS-501。TS-302は米国PCCのB-3台車と同様の、内側軸受インサイドジャーナル構造を採用している。直径510mmの小径車輪とその背後に見える主電動機に注目。TS-501は一軸台車で、内側軸受のため台車と言うより「車輪」と表現できるプロポーションである。ボギー台車ではないため、操舵機構が装備されている。
　　　　　　　　　　　　　　　　　　　　1955.7.30　二子玉川園／右　1955.7.17　大橋車庫　P（2枚とも）：鈴木靖人

デハ200形の正面(202、左)とステップ(201)。デハ200形の車体は準張殻構造であり、弧を描く車体断面と床下機器も収納するボディーマウント構造が大きな特徴である。その影響でプラットホームと車体間に隙間が生じるため、自動ホールディングステップを装備したことも大きな話題となった。
左)1955.7.17　大橋車庫　P：鈴木靖人／右)1955.7.9　大橋車庫　P：荻原二郎

み合わされる駆動装置は東洋電機の中空軸平行カルダンであるが、小径車輪に対する主電動機の直径寸法と搭載位置対応のため、ピニオン歯車と大歯車間に遊び歯車を挿入しており、歯車比13:37:64＝4.92となった。さらに新技術として撓み継手2枚構成を採用した。これは台車が内側軸受構造であり、玉川線の軌間が1,372mmのため、主電動機搭載スペースに対してバックゲージに余裕がなかったためであったが、継手への潤滑グリースの補給が省略できるメリットも大きく、このデハ200形以降の中空軸平行カルダン駆動装置は、鉄道線用高速電車も含めて撓み継手2枚構造が主流となっている。

　制御装置は、三菱電機製市街電車用AB型間接制御器の第二世代である電動カム軸式を採用。永久並列接続のステップ数は力行20段・制動19段の多段式である。発電制動時に加えて再加速時のデッドタイム対策

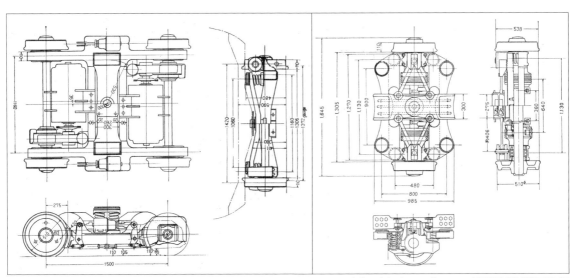

動力台車TS-302(左)と連接一軸台車TS-501の図面。　　　　　　　　　　出典：東急デハ200形カタログ「最新型高性能路面電車」

デハ200形(205)運転台。間接自動制御のマスコンとセルフラップブレーキ弁を装備する。「無音電車規格統一研究会」推奨仕様である。　　　　　1955.7.30 二子玉川園　P：鈴木靖人

デハ200形(202)車内。張殻構造と全断面幌で一体感のある内装となった。米国PCC同様のファンデリアを用いた車内換気システムを採用している。　　1955.7.17　大橋車庫　P：鈴木靖人

に、それまで三菱製で採用されてきた主電動機界磁への強制励磁方式から進化し、惰行時の主電動機を他励発電機として使用し、惰行中に発電ブレーキ回路を形成する「他励スポッティング」を新たに採用した。このスポッティング付電動カム軸制御器は、三菱電機の市街電車用コントローラーの標準仕様となり、デハ200形と東京都電5503〜5507号、南海電気鉄道大阪軌道線(現・阪堺電気軌道)モ501形にも採用されている。

制動装置はSME-D(発電ブレーキ併用非常弁付直通空気ブレーキ)で、デハ200形ではブレーキ弁による電空併用動作を採用。セルフ・ラップ式ブレーキ弁ME-38-SWと締切電磁弁・射込弁で電空同期を実現した。

以上のように「攻めに攻めた」構造・機構で玉川線にデビューしたものの、連接部に採用した1軸台車に対する先頭部オーバーハングの大きさからくる激しい動振、ボディマウント方式のため保守点検がピット内に限定されること、間接制御機特有の力行・電制時でのデッドタイムの問題、そして軽量化に起因した車体の老朽化が想定以上に進行したこともあり、1969(昭和44)年の玉川線廃止時に残存区間の世田谷線には引き継がれず、全車廃車となった。玉川線廃止後に、204号が多摩川園に保存され、閉園後は高津駅高架下へ移設。現在は宮崎台の「東急電車とバスの博物館」に保存されている。

現在でも世田谷線として残存する区間を行くデハ200形201号。保守上の問題を抱えていたため、専用軌道区間の存続にも関わらず継承されずに全車引退となったのは、痛恨の極みであった。
　　　　　　　　　　　　1969.4.30　上町　P：荻原二郎

今はなき住吉公園駅を発車し、住吉のクロッシングを渡る南海大阪軌道線モ501形504号。前面のスタイルは大阪市電3001形に類似しているが、一段下降窓と集電装置がパンタグラフを装備しているため印象は異なる。撮影当時は電制の使用を停止し、連結運転用のトムリンソン密着連結器も撤去済みであった。
1975.11.15　住吉　P：荻原二郎

2.3　南海電気鉄道 大阪軌道線 モ501形

○玉電200形の兄弟車は、空気ばね台車を本格採用
● 製造：帝国車輛／1957(昭和32)年
● 電気品：三菱電機／東洋電機製造
● 台車：汽車製造大阪製作所

　現在の阪堺電気軌道の前身である南海電気鉄道大阪軌道線は、戦前より50km/hの高速運転と間接制御器を用いた総括制御による連結運転を行う先進的事業者であった。戦後老朽化したモ101形木造車の置き換え用に製造されたのがモ501形である。

　車体デザインは、同じ大阪市内を走る大阪市電の3001形に正面は基本的に同一のスタイルである。ただし側窓は、3001形が上段Hゴム支持のスタンディングウィンドウ(いわゆるバス窓)であるのに対し、モ501形では南海本線初のカルダン車である11001形に範を取った一段下降窓を採用、南海のアイデンティティを主張した車体デザインが特徴である。

　台車は路面電車初の空気ばね台車である、汽車会社KS-53「エアロプリンス」を採用。その特徴ある形状から軸ばねを省略した1自由度系汽車会社エコノミカルトラックの元祖と称されることが多いが、2自由度系の構造を持つ。PCC車用B-3台車と同様、前後の軸箱

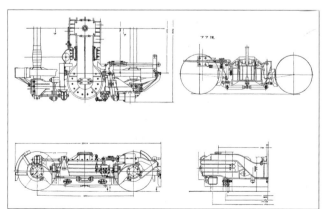

汽車会社大阪製作所製のKS-53「エアロプリンス」。路面電車では初の空気ばね台車である。米国PCCのB-3台車に範を得た軸箱梁式インダイレクトマウント台車であるが、イコライザー式と同様に釣り合いばねを装備しており、のちの汽車会社「エコノミカルトラック」とは若干構造が異なる。
出典：KSK技報(所蔵：松田義実)

21

阪堺モ505。南海電鉄より「阪堺電気軌道」へ分離独立するのと同時期に、ブレーキ弁を従来車と同様のPV-3へ換装し、方向幕も他者と同様の小型のものに変更された。1985(昭和60)年より冷房化が実施され、阪堺初の冷房車となった。　2011.12.10　住吉　P：宮武浩二

を巨大な梁で結合した「軸箱梁式軸箱支持」を採用したため目立たないが、軸箱梁の軸箱部ゴムブッシュに加え釣り合いばねで台車枠を支持しており、枕ばねにベローズ式空気ばねを使用した三重緩衝式とも言える構造となっている。

この特徴的な台車であるKS-53に搭載される主電動機／駆動装置は東急デハ200形と同様のシステムであり、東洋製中空軸電動機と車輪径の関係で遊び歯車を挿入したTDカルダン式駆動装置を用いた中空軸平行カルダン駆動である。主電動機出力が「無音電車仕様書」準拠となり30kwとされている。

また制御／ブレーキシステムも東急デハ200形と同様である。制御システムは三菱電機市街電車用AB間接制御システム第二世代仕様である、他励スポッティング付AB型AB-44-6MDB。同様にブレーキシステムも三菱製で、連結運転対応のため発電ブレーキ併用直通空気ブレーキSME-Dに、電空併用対応セルフ・ラップブレーキ弁である三菱ME-38-SWであり、主電動機出力を除けば東急デハ200形と同様の機器構成であり兄弟車の関係である。

軌道用低床車では初の空気ばね採用で華々しくデビューしたモ501形であるが、他社局と同様、セルフ・ラップ式電空併用ブレーキ弁の運転操作が他車とは異なり、特に併用軌道での電制常用は運転保安上難しい

登場当時のモ501形運転台。マスコンとブレーキ弁は東急デハ200形と同等品であった。
出典：『南海軌道線501形新造電車』（所蔵：松田義実）

モ501形に使用されていた連結運転対応トムリンソン密着連結器。
出典：『南海軌道線501形新造電車』（所蔵：松田義実）

我孫子道で発車待ちのモ501形505号。登場当時の復刻塗装が施され、方向幕がLED化された。
2018.12.9　P：宮武浩二

面もあったため、ほどなくして電制の使用を中止。連結運転も中止されたためトムリンソン式密着連結器も撤去した。

1980(昭和55)年、南海より分離し「阪堺電気軌道」としての発足時に保安ブレーキ付直通ブレーキSME／セルフ・ラップブレーキ弁ME-38-SWを、他車と同様の直通ブレーキSM-3／三方弁マニュアルラップ式PV-3に換装した。ただし三菱電機AB間接制御器と中空軸平行カルダン駆動装置は存置された。これは戦前より連結運転／総括制御の経験が長く間接制御装置の取扱いに慣れていたことと、南海自体が鉄道線でカルダン駆動の経験が長く保守上問題がなかったことも一因であると推測される。

1985(昭和60)年より冷房改造を施され、三菱電機のCU-77A冷房装置を取付。還暦を越え令和となった現在も定期運用で稼働している。

■東急玉電デハ200形・南海大阪軌道線モ501型 諸元表

事業者	東京急行電鉄 玉川線			南海電気鉄道大阪軌道線→阪堺電気軌道		
型式	デハ200形　201～206号			モ501型　501～505号		
製造年	1955(昭和30)年			1957(昭和32)年		
製造メーカー	東急車輛			帝国車輛		
全長×全幅×全高(mm)	21000×2300×3635			13730×2436×3650		
自重(ton)	22t			16t		
車体構造	高抗張力鋼 張殻構造ボディーマウント式			全金属製		
定格速度／起動加速度／減速度	29.3km/h	2.6km/h/sec	3.2km/h/sec	30.4km/h/sec	3.67km/h/sec	4.28km/h/sec
台車	東急車輛TS-302/連接台車TS-501			汽車製造KS-53エアロプリンス		
車体支持方式	インダイレクトマウント/同左			インダイレクトマウント		
枕ばね	コイルばね/ー			ベローズ式空気ばね		
軸箱支持方式	ゴム支持/コイルばね			軸箱梁式釣り合いばね(イコライザー)		
軸ばね	軸箱上圧縮ゴム　軸箱左右剪断式円筒ゴム			ゴムブッシュ/コイルばね		
車輪	一体鋳造車輪			鋳鋼車輪		
制御システム	三菱AB-54-6MDB			三菱電機AB-44-6MD		
主幹制御器	三菱電機KL-581			三菱電機KL-581A		
制御電源	MG/DC100V			MG/DC100V		
制御機器動作方式	電磁単位スイッチMU-5-121			電磁単位スイッチMU-6-112		
抵抗短絡方式	電動カム軸式XC-20-111			電動カム軸式XC-20-111B		
予備励磁方式	他励スポッティング19段			他励スポッティング19段		
主電動機	東洋電機製造TDK-827			東洋電機製造TDK-830-A		
出力／電圧／電流	38kw	275V	160A	30kw	300V	115A
回転数／重量／個数	1500rpm	450kg	4個	1600rpm	350kg	4個
駆動方式	東洋電機製造　中空軸平行カルダン			東洋電機製造　中空軸平行カルダン		
歯車比	中間遊び歯車一段64:37:13=4.92			中間遊び歯車一段84:37:13=6.46		
電制／空制同期	D-1作用装置(締切電磁弁・射込弁)			D-1作用装置(締切電磁弁・射込弁)		
発電ブレーキ操作	セルフラップブレーキ弁3ノッチ			セルフラップブレーキ弁3ノッチ→使用停止		
空気ブレーキ	SME-D			SME-D→SM-3		
ブレーキ弁	三菱電機ME-38-Mセルフラップ式			三菱電機ME-38-Mセルフラップ式→PV-3		
基礎ブレーキ	踏面片押し式/連接車軸内拡ドラム式			踏面片押式		

横浜市電1500形(1520)。横浜市電における「無音電車」の先駆けとなった車両。　　　1955.11.9　六角橋　P：中村夙雄

3．吊掛駆動の「準・高性能車」
～「無音電車」のコンポーネンツを採用した
吊掛駆動の「準・高性能車」一覧～

ここでは、「無音電車」用として開発された技術を活用した、吊掛駆動の「準・高性能車」について、公営鉄道をはじめとした各地の例を紹介する。

● 横浜市交通局1500形1501～1520号

横浜市電1500形は1951（昭和26）年に20両が製造された。弾性車輪は試作的に1両に装備していたのみだが、間接自動制御、マスコン側での電制常用、軸梁式新型台車を装備した、いわば「無音電車」の先駆けとなった車両である。主要機器は日立が担当、台車はKL-20軸梁式、制御システムは日立MMC-L5A多段式であるが後の永久並列繋ぎではなく直並列組合せ繋ぎである。主電動機は東洋TDK-526であり端子電圧300Vで電制常用に対応しており25kW×4個モーター車である。多分に米国PCC車を意識していた。

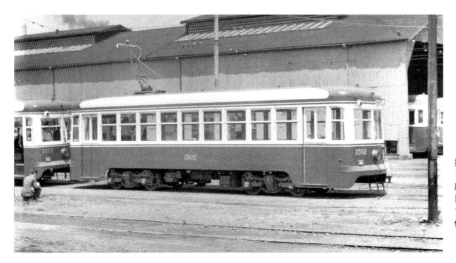

搬入直後の横浜市電1500形(1502)。滝頭車庫には市電廃止後の1973（昭和48）年に「横浜市電保存館」が開館、1500形のうち1510号が静態保存されている。
1951.6.17　滝頭車庫
P：丸森茂男

名古屋市交通局1800形(写真は1809号)。1800形は就役から池下車庫へ配属、1958(昭和33)年に池下車庫廃止に伴う稲葉地車庫へ転属、1972年3月の稲葉地車庫廃止に伴い全車廃車。
1956.3　影雲橋　P：佐藤進一

● 名古屋市交通局1800形1801～1814号

　六大都市の公営軌道事業者で「無音電車」の通称で著名な名古屋市交通局であるが、そのスタートは1953(昭和28)年8月である。トップバッターは1800形(1801～1814)で、車体デザインは戦前の名古屋市電の代表車1400形に準じているが、走行機器は防音防振仕様のものが採用された。

　主電動機・駆動装置こそSN-50(38kW)×2個モーター吊り掛け駆動を踏襲しているが、歯車に防音ゴムを挿入。台車の住友金属FS-60は一体鋳鋼台車枠のオールコイルばね台車であり、防音防振対策のため剪断ゴム挿入のPCC型弾性車輪を装備、基礎ブレーキ装置は従輪軸への内拡型ドラムブレーキを新たに採用した。

　制御装置は、三菱電機の「市街電車用AB間接制御装置」第1世代であるAB-44-6MD電動ドラム式を装備した。ブレーキ関係はブレーキ弁に電気制動用接点を内蔵したセルフ・ラップ式のSLE-2を採用。ブレーキ弁による電空併用ブレーキであった。

　1800形は「無音電車」のトップバッターであったが、初期トラブルや不具合も多発したために、就役後の改良も多岐に渡る。当初は基礎ブレーキが従輪に装備するドラムブレーキのみであったため、制動力不足

名古屋市交通局1800形(1801号)。最後までワンマン化されることなく、名古屋の東西メインストリートを走る栄町線一筋の生涯であった。　1966.7.4　栄町　P：中村夙雄

に起因する停止直前の振動と騒音が問題となり、1957(昭和32)年以降、動輪の外側にドラムブレーキを増設、主電動機も東洋電機製造TDK-535A(44.8kw)へ換装。制御装置も就役後10年経過した1962(昭和37)年以降に抵抗短絡スイッチを電動ドラムから電動カム軸式へ換装している。

● 名古屋市交通局1800形1821～1830号

　1800形1801～1814号の増備車であり、使用実績に応じて改良されている。

　基礎ブレーキ装置が従輪のみドラムブレーキ装備では、制動力不足のため4輪外付けドラムブレーキへと変更。台車もPCCカー用B-3台車を、外側軸受式吊り掛け駆動用に設計変更したFS-61／FS-61Aとなった。

　制御装置は、三菱AB形電動ドラム式間接制御装置で変更はないが、ブレーキ弁による電空併用単一操作から、マスコンハンドルで力行／電制・停止まで行える「ワンハンドル運転」対応に進化した。日立のワンハンドルコントロールとは異なり、マスコン逆回転で10km/hまで減速後に、締切電磁弁が作用し自動で直通空気ブレーキが作用し停車する仕様となっていた。非常用としてPV-3ブレーキ弁を装備していたのは、日立製の車両と同じであった。

名古屋市電1800形の増備車1828号。
1957.10.14　名古屋駅前　P：中村夙雄

● 京都市交通局800形866～880号

　京都市電800形の866～880号は、台車や2個モーター吊掛駆動に変更はないものの、三菱電気AB型電動ドラム式間接制御とSA-2セルフラップブレーキ弁を装備していた。間接制御車のトップバッターである866～870号の登場は1953(昭和28)年4月竣工であり、名古屋・大阪でのAB型間接制御器の試験を経ての採用で、新造車への採用は六大都市でも初であったのは特筆される。

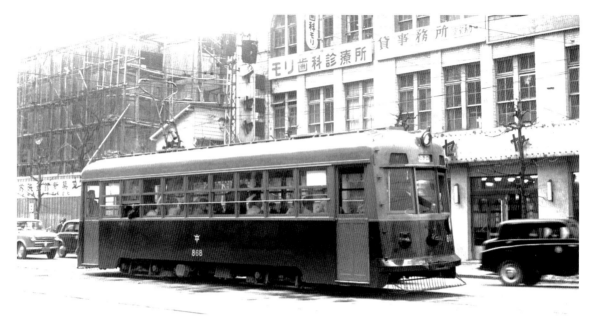

京都市電800形868号。　　　　　　　　　　　　　　　　　　　　　　　　　　　1956年 京都　P：佐藤進一

● 京都市交通局900形901～915号

　1955年に間接制御車第二陣の900形901～915号が登場した。台車は弾性車輪装備の住友FS-65、セルフラップ式ブレーキ弁SA-2、間接制御器は800形と同様の三菱AB型電動ドラム式であったが、901と902号は東洋電機ES-250AのNCカム電動カム軸式、マスコンES-87を試験採用していた。

京都市電900形911号。このグループは1971(昭和46)年7月に廃車となり、他都市同様短命であったのは惜しまれる。
　　　　　　　　　　　　　　　　　　　　　　　　　　　　　　　　　　　　1965.5.13　岡崎公園　P：荻原二郎

大阪市交通局2201形2204号。
P所蔵：宮武浩二

●大阪市交通局2201形

　1953(昭和28)年に、3000形3001号(→後の3000号)を試作、カルダン駆動／常用発電ブレーキ／弾性車輪の実用化に向けデータを収集していたが、来るべき量産車の設計を前に、単一操作電空併用ブレーキ弁の試験、防音の目的も果たし、間接制御への運転／保守への経験を積むことが目的で日立・帝国車輌・富士車輌で1954(昭和29)年に11両が製造された。

　3001号で採用された直角カルダン駆動は時期尚早として2個モーター吊掛駆動となったが、弾性車輪を装備、制御システムは間接自動進段、常用発電ブレーキを採用している。電機品のメーカーは東芝を選定、惰行時ノッチ選択(スポッティング)装備の電空ドラム式間接自動制御器PC-201-Bで、東京都電7020号、神戸市電1151号とほぼ同一品である。制動装置は連結運転対応かつブレーキ弁での電空併用単一操作対応のためSME-D、ブレーキ弁は日本エアブレーキ製SLE-36で電空併用セルフラップ式であり、2個モーター吊掛駆動方式であること以外は当時最新の装備であり「防音電車」と名付けられた。

　運用を開始すると制御器のドラム式スイッチに故障が多発し、電空併用ブレーキの取扱いも運転操作上難があったため、1959(昭和34)年以降に、遮断器を残して直接制御器に換装された。

　1965(昭和40)年に大阪市電初のワンマン改造を施されたが、1968(昭和43)年の港車庫廃止に伴い休車となり都島車庫に転属となった。しかし使用されることはなく1969(昭和44)年3月の大阪市電全廃直前に全車廃車となった。現在2201号が非公開で保管されている。

大阪市交通局2201形2209号。　　　　　　　　　　　　　　　　　　　　　　　　1961.4.30　日本橋筋一丁目　P：荻原二郎

● 東武鉄道日光軌道線200形

1954(昭和29)年に6編成が汽車と宇都宮車輌で製造された。その無骨な容貌からは想像ができないが、東京都電6500形と同様の、永久並列繋ぎの電動ドラム式間接自動制御器である東洋電機製造ES-202と電空併用ブレーキを採用していた。ブレーキ弁は日本エヤーブレーキME-18-D。前回のコラムでセルフラップ式と紹介したが、その後の調査で三方弁マニュアルラップ式と判明したため、ここで訂正させて頂く。

カルダン駆動を採用しなかったのは、日光特急用5720系で採用した東芝直角カルダン駆動装置の使用実績が芳しくなかったことも影響したと考えられる。

東武日光軌道線モハ200形(202)。現在同形式の204号が東武博物館に静態保存されている。　　1955.3.9　東武日光駅前　P：丸森茂男

● 北陸鉄道2300形

1961(昭和36)年に日本車輌で2両が製造された。永久並列繋ぎで端子電圧300Vの22kW×4個モーター車である。他社局と異なり日車製の間接非自動(手動)制御器であるが締切電磁弁を装備し、SA-2Dセルフラップ式ブレーキ弁による電空併用ブレーキを採用。台車は日車NS-22インダイレクトマウント台車で、枕ばねにオイルダンパー併用エリゴばねを採用し、車輪径720mmの弾性車輪を装備していた意欲作であった。

1967(昭和42)年の金沢市内線廃止後は同じ名鉄グループの豊橋鉄道へ移籍し、2001(平成13)年まで活躍した。

道路との併用橋であった犀川大橋を行く北陸鉄道金沢市内線2300形2301号。
1964.11.21　犀川大橋
P：荻原二郎

梅田駅前に到着、乗降を待つ
大阪市電3001形3034号。
1969.3.30　阪急東口
P：荻原俊夫

品川駅前に停車中の東京都電5500形5503号。三菱電機の他励スポッティング付き間接自動制御器を装備していたが、写真のような自動車交通の輻輳に対しては、最新式の装備が仇となってしまった。
1967.10.28　P：荻原二郎

4.「無音電車」の制御装置／制動装置／台車

4.1　「無音電車仕様書」準拠の制御システムの特徴

「無音電車仕様書」準拠の制御システムには、以下のような特徴がある。
○間接制御自動進段方式
○常用発電ブレーキ
○永久並列接続
○力行／電制ノッチ毎に限流値・加減速度を設定
　→後の応荷重制御の原型となる。
○マスコンに直接式逆転器を内蔵した例が多い
　→主制御器を床下に装備するため、機器設置場所のスペースが不足。逆転器内蔵のマスコンであるがゆえに、事業者によっては「半間接式」と称することもあった。さらに手ブレーキを省略、非常用電気制動（短絡ブレーキ）をマスコンのレバーサーに装備していた。

以上は、米国PCC車に装備されていた内容であり東京都電5501号のフットペダルコントロールにも備わっている。すなわち米国PCCの技術要素を、日本国内向けに手動操作に落とし込んだことが大きな特徴ではあるが、そのことが運転操作の複雑化／煩雑化という結果となったのは大きな盲点であったことは否めない。この経験は後年の「軽快電車」開発において活かされることとなる。なお西鉄・東急・南海では逆転器を床下装備とし、非常用電制は採用されていない。

4.2　三菱電機の市街電車用間接制御システム

三菱電機は戦前より米国WH(ウェスティングハウス)との技術提携の歴史があり、単位スイッチ式の制御装置が著名。自動進段式ALと手動進段式HLがあり、多数の電気鉄道に採用されてきた。

戦後になりWHとの提携が復活、WHタイプPCCコントロールABSを長編成・高速電車向けに発展させた連動進段式単位スイッチ多段制御装置、SMEE電空併用電磁直通ブレーキを国産化した。

市街電車分野では、東京都電5501号のWHとTRC社パテントによる電気機器製造を担当。一方でTRC社のパテントに依らない純国産品での研究開発にも取り組み、1953(昭和28)年には東京都電と大阪市電の防振防音試作車の電機品を納入した。

●第一世代(1953〜1954)
○電動ドラム式AB型間接制御装置
主制御器はKR-8直接制御器を抵抗短絡用スイッチとして床下に吊り下げ、これをパイロットモーター(PM)で操作する機構。ドラム接触器は1方向回転で永久並列接続のため非常にコンパクトで、単位スイッチ式と違い圧縮空気による動作ではなく全電気式動作となっているのが特徴である。自動進段機構は限流継電器と電磁接触器による連動進段である。電制常用のためデッドタイム対策は、主電動機界磁への強制励磁を行なっている。

開発趣旨として、技術提携先である米国WH社のPCCカー用制御システムABSと同じように全電気式

■「無音電車」相関図 制御装置一覧

製造	1953(昭和28)年	1954(昭和29)年	1955(昭和30)年	1956(昭和31)年	1957(昭和32)年
三菱	電磁単位接触器電動ドラム式 ■東京都電5502 AB-54-6MDB永久並列12段 ■大阪市電3000 AB-54-6MDB	WHタイプPCCコントロールABS ■東京都電5501 XC-99-581永久並列99段 スポッティング 電磁単位接触器電動ドラム軸式 ■神戸市電1152 AB44-6MD 永久並列14段 強制励磁有	電磁単位接触器電動カム軸式 ■東京都電5503～5507 AB-44-6MDB 永久並列20段 電制19段 スポッティング19段 ■東京急行電鉄デハ201～206 AB-54-6MDB 永久並列20段 電制19段 スポッティング19段	電磁単位接触器電動カム軸式 ■大阪市電3001～3020 AB-44-6MDB 永久並列14段 電制14段 強制励磁有り	電磁単位接触器電動カム軸式 ■南海電気鉄道モ501～505 AB-44-6MD 永久並列20段 電制19段 スポッティング19段
東芝		電空ドラム式 ■神戸市電1151 PC-201A 永久並列11段 電制16段 スポッティング有		MCMパッケージ型電動カム軸式 ■神戸市電1153～1158 MC-2-A 永久並列14段 スポッティング20段	
日立	電空単位接触器電動ドラム式 ■名古屋市電1815 MMD-LB4永久並列14段 強制励磁無し	電空単位接触器電動ドラム式 ■土佐電気鉄道501 MMD-LB4 段数不明 強制励磁無し 電空単位接触器電動カム軸式 ■土佐電気鉄道501(換装)& ■名古屋市電1902～1921 MMC-LB4 永久並列14段 電制14段 強制励磁無し		電磁単位接触器電動カム軸式 ■大阪市電3031～3050 MMC-LB4A 永久並列14段 電制14段 強制励磁有り	
東洋		順路開閉器電動カム軸式 ■西鉄福岡1001／1101 ES-536 直並列13段 電制13段 電磁単位接触器電動ドラム式 ■東京都電6501 ES-201A永久並列13段 電制13段 強制励磁有り		電磁単位接触器電動カム軸式 ■大阪市電3021～3030 ACD-M430-252A 永久並列14段 電制14段 強制励磁有り	

動作とし構造の単純化と軽量化、なおかつWH/三菱のアイデンティティである単位スイッチ式では艤装条件が厳しい日本の路面電車向けに、既存の直接制御器の技術を用いて小型化を目指しており、「市街電車向けに」特化した制御システムであると言える。

　しかし電車黎明期から、運転台で操作するドラム接触器を床下に艤装することで防塵防水の対策が徹底されていなかったのに加え、高加速を志向した4個モーター化に伴う電流量増大の影響で、常に摺動面が接触しているため、接触不良や溶着に各事業者も悩まされることが多かった。電制作動時のデッドタイム対策である強制励磁方式も予励操作（ブレーキ操作1ノッチで電制立ち上がりを確認しなければならない）が必要で、頻繁な加減速操作が要求される路面電車では運転操作が複雑化し、再力行時のデッドタイムは解消されない課題も残っていた。

○制御段数：力行12～14段 制動12～14段
○制御容量：端子電圧300V 55HP主電動機×4

●第二世代（1955～1957）

○他励スポッティング付電動カム軸式AB型間接制御装置

　自動進段機構は限流継電器と電磁接触器による連動進段を踏襲しているが、防塵／防水不備と電流量増大による接触不良で動作不具合が頻発した電動ドラム式抵抗短絡スイッチを電動カム軸式に変更したもの。カムポジションとパイロットモーターの制御を工夫し、更なる多段化を実現した。

　最大の特徴は、間接制御独特のデッドタイム対策として強制励磁に代わり、惰行中の電動機を他励発電機として活用し惰行時に微弱な発電ブレーキ回路を形成するスポッティング機構を採用したことで、電制時のタイムラグ低減に加え再力行時のデッドタイムが低減され、俊敏な力行・電制動作を実現した。

○制御段数：力行20段　制動19段　スポッティング19段
○制御容量：端子電圧300V 40HP主電動機×4

●第三世代（1956）

○カム軸回転速度可変型電動カム軸式AB型間接制御装置

　抵抗短絡スイッチにカム軸制御器を踏襲、さらなる

■三菱電機 制御器分類表

制御システム名	
H:手動加速	A:自動加速
L:高圧制御電源 　WHでは架線電源	B:低圧制御電源 　WHでは蓄電池電源
S:スポッティング	
F:弱め界磁制御	
M:多段式	

ex.)AB-44-6MDB（大阪市交通局3001形）

AB	44	6MDB	
A:自動加速	4:40HP	6:600V	D:発電ブレーキ
B:低圧制御電源	4:主電動機を4基制御	M:電動カム軸	B:追い番

個々の制御スイッチ		

ex.)MU-5-112（神戸市交通局1152号）

MU	5	112
MU:マルチプル・ユニット ※この後MUからCB(コンタクターボックス)に変更	5:スイッチの個数	112:追い番

小型軽量簡略化を志向。間接制御器のデッドタイム対策に機器構成が複雑になる他励スポッティングを使用しない新しい方式。主回路に設置した電流継電器によって主電動機の界磁を強制励磁し、更に電流の大小に応じてカム軸の回転速度を自動的に加減する。

このタイプの制御装置は大阪市電3001形を設計する際に大阪市交通局主導で開発されたため、東洋電機製造と日立製作所でも同種のシステムが製造された。
○制御段数：力行16段　制動16段
○制御容量：端子電圧300V 30kW主電動機×4

4.3　東芝の市街電車用間接制御装置

東芝の前身である芝浦製作所以来、米国GEとの技術提携の歴史があり、電空カム軸式PC系列コントローラー、電空油圧カム軸式PCM・PM系列のRPM、PA、PB、コントローラーを戦前より開発製造してきた。戦後になり、GEタイプのPCCカーに搭載されてきた17KM3系列加速器やトロリーバス用コントローラーの整流子形超多段制御器をいち早く名古屋市交通局トレーラー型トロリーバスや川崎市営トロリーバス、川崎市電に納入した。

また1954(昭和29)年1月19日、GEと「PCC型市街電車、直流式高速度電車、トロリーバスの回転機及び制御装置を含む電気装置に関する技術」に関する提携を結び、惰行時ノッチ選択（スポッティング）と電空併用ブレーキを、日本エヤーブレーキと協業で電空一体のシステムとして開発し、1954(昭和29)年に東急5000系(初代)の制御システムとして採用された。採用された同年には「無音電車規格統一研究会」推奨仕様の路面電車向け防音防振試作車を東京都電、神戸市電より受注した。

●第一世代(1954〜1955)
電空ドラム式MPC型制御装置

主制御器は筒型の制御ドラムにフィンガーが組み合わされ、制御ドラムを電磁操作の圧縮空気で回転させる方式である。興味深いのはノッチ飛び防止のため電磁油圧式ストッパーを装備していることで、GEのPCM/PM由来である東芝PA/PB電空油圧カム軸式制御器の名残であろうか？付属主要機器はリボン型主抵抗器・制動転換器・断流器である。市街電車の床下に取り付けるため小型軽量化に留意している。

制御容量は、電圧：600V 主電動機出力：41.25kw×4 電動18段 制動18段となっており、制御段数以外では米国PCCカーと遜色ない制御容量を実現している。

特徴としては、停止用発電制動常用、惰行時ノッチ選択（スポッティング）による惰行中の発電ブレーキ回路形成、ブレーキ弁による電空併用同期、停電時にも非常用発電制動を使用することができる。力行中や惰行中に電制ノッチを入れた場合、逆に電制中または惰行中に力行に移った場合、何れも制御円筒はその位置から瞬時にそれぞれのノッチが入り、従来の主制御器のように「オフ」位置を通過して力行/制動回路を形成しないのでデッドタイム低減を可能とした。

しかし、常に摺動面が接触しているドラム型スイッチの接触不良や接点の溶着など不具合が多発、他メーカーと同様に電動カム軸式へ移行、ＭＰＣ型を採用した車両も電空カム軸式へ換装する例も見られた。

●第二世代(1956)
○パッケージタイプMCM型全電気作動カム軸式制御装置

米国G.E.が整流子型PCCコントロール17KM3系列と、長編成対応のPCMコントローラーの後継として開発した新世代の制御装置で東芝がライセンスを取得し開発された。

従来数個に分かれていた主制御器・リボン型主抵抗器・制動転換器・断流器などについて、全て小型軽量化を図り一つの筐体に収容。具体的には中央に薄型リボン抵抗器を挟み左右に制御切替用電動カム軸制御器(KMC)と抵抗短絡スイッチ用電動カム軸接触器(KMR)を配置したものである。制御システム全体の軽量化が達成でき、機器間同士の艤装配線が全て制御器内配線となった。機器動作に空気油圧などのアクチュエーターを用いない全電気式作動のため重量を軽減。さらに従来はカム軸1回転につき17段前後のステ

■東芝 主制御器分類表

MK：電磁スイッチ・手動加速	MA：電磁スイッチ・自動加速	
PC/RPC：電空カム軸式		
RPM：小容量の油圧カム軸式	PA：大容量の油圧カム軸式	PB：PAの改良型
PE：電空併用の電動カム軸式	空気圧使用は逆転器など	
MC：パッケージ型	MM：全電気式電動カム軸式	

ex.)MC-2A (神戸市電1150型)

MC	2A
MC：パッケージ型	2番目の制御器

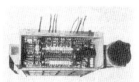

神戸市電1150形量産車の制御器。東芝MCM MC-2Aパッケージ型制御装置。左が抵抗短絡スイッチ(KMR軸)、右が制御切替スイッチ(KMC軸)。
出典：東芝レビュー

■日立製作所 制御器分類表

PR:ラチェット式電空カム軸	MMD:多段式電動ドラム式
PB:バランス式電空カム軸式	MMC:多段式電動カム軸式
MC:電動カム軸式	VMC:バーニア式電動カム軸式
	NMC:無接点制御回路式電動カム軸式

ex.)MMC LB-4(名古屋市交通局1900形)

MMC	LB	4
MMC:多段式電動カム軸式	L:600V/750V対応 B:発電制動	4:40HP主電動機

ップ段数が限界であったが操作電動機の制御に改善を加え1回転29段とすることが可能となった。

衝動対策は起動方式に3段減流起動、遮断方式にも3段減流遮断を採用、起動時・電制投入時とノッチオフ時の衝動低減が図られている。デッドタイム対策では惰行時ノッチ選択(スポッティング)に加えブレーキノッチ選択も装備し抵抗のノッチ戻し機構も装備。さらにカム接触器はノーマルクローズ式を採用し動作の確実性向上と接触子の溶着防止を図っており、路面電車用主制御器としては当時最高峰の機能と装備を誇っていた。

制御容量は電圧:600V 主電動機出力75kw×4、電動17段、制動23段となり、大幅に制御容量のアップが図られている。抵抗器を含めた制御器の冷却はMGに取り付けたファンから風洞による強制風冷方式である。

4.4 日立製作所の市街電車用制御装置

●第一世代 MMD電動ドラム形抵抗短絡スイッチ式市街電車用間接制御装置

御多分に洩れず当初は、直接制御器を床下に吊り下げる電動ドラム形を採用するもスイッチ接点、セグメント及びフィンガーの荒損が著しく早々と電動カム軸式抵抗短絡スイッチに移行。日立の制御器を採用した名古屋市交通局と土佐電鉄も早期に電動カム軸式に換装を実施した。

●第二世代 MMC電動カム軸式抵抗短絡スイッチ式市街電車用間接制御装置

前述のMMDで問題となったドラム式抵抗短絡スイッチを小型電動カム軸式に変更した。制御容量・ステップ数は「無音電車規格統一研究会」準拠で主電動機40kw×4個、永久並列14段、発電ブレーキ付、スッポティング・強制励磁なしとしているが、日立特有の機構として「日立式電磁直通ブレーキ」のコンポーネンツ「電磁直通弁」を用いたマスコンによる電空単一操作であるワンハンドルコントロールが特記される。

4.5 東洋電機製造の市街電車用制御装置

○電動カム軸式ES-250代:低床用ノーマルクローズ電動カム軸式

路面電車向けに開発された電動カム軸式制御器。カムスイッチに接点の溶着防止策としてノーマルクローズ式を採用。再加速/電制のデッドタイム対策は、主電動機の界磁輪線への強制励磁としている。

「路面軌道用無音電車仕様書」準拠の永久並列接続に加え、直並列繋ぎのバージョンも製造している(江ノ電・大分交通別大線)。

■東洋電機製造 制御器分類表

システム名							

ex.)ACD-430-252A(大阪市交通局3001形) ※Aは追い番

A	C	D	F	430		252	A
A:自動加速	C:カム軸式	D:発電制動	F:界磁制御	4:主電動機4基	30:30kw主電動機	252:主制御器形式	A:追い番
B:手動加速	U:単位スイッチ	R:回生制動					
	M:電磁接触器						

主制御器形式			

ex.)ES-201-A(東京都交通局6500形)

ES	201		A
頭に必ずES	200代	電動ドラム式	A:追い番
	150代	EE原設計の全電気式電動カム軸式	
	500代	N-0接触器を上1列に配置した電動カム軸式	
	550代	N-0接触器を上下2列に配置した電動カム軸式	
	250代	N-C接触器を使った低床用電動カム軸式	
	700代	N-C接触器を上下2段に、その下に制御円筒を配置した電動カム軸式	
	750代	N-C接触器を上下2段に配置した電動カム軸式	
	800代	油圧カム軸式	
	600代	単位スイッチ式	

日立製作所の「ワンハンドルコントロール」を採用した名古屋市交通局。写真は1900形1913号。
1971.10.25 高蔵
P：荻原二郎

4.6 制動装置

「無音電車」では、三菱電機と日本エヤーブレーキがセルフラップ式ブレーキ弁を採用していたが、日立製作所では「電磁直通弁」を使用した独特のブレーキシステムを導入していた。その例をブレーキ帯で示す。

■土佐電鉄500形 ブレーキ帯

制動弁ノッチ	断流器	カム軸制御器ノッチ	制動弁による空気制動	摘要
制動 1	○	1	弛め	電制保ち
制動 2	○	1～14	弛め	電制・空制弛め
制動 3	○	1～14	重り(ラップ)	電制・空制重なり
制動 4	○	1～14	制動	電空併用
制動 5				
制動 6			非常制動	

■日立 ワンハンドル・コントロール ブレーキ・オペレーション

操作区分	ブレーキ種別	ハンドル位置	電気ブレーキ	電磁直通弁直通空気ブレーキ	純空気ブレーキ
ブレーキ弁操作	空気ブレーキ				急弛め
					緩弛め
					重なり
					緩制動
					急制動
主幹制御器（マスコン）操作	電気ブレーキ	①	1ノッチ		
		②	2ノッチ		
		③R	3ノッチ 弛め Release		
電空併用ブレーキ	③L	3ノッチ 重り Lap		
	③S	3ノッチ 制動 Servise		

■菱電機SA-2-Dブレーキ弁

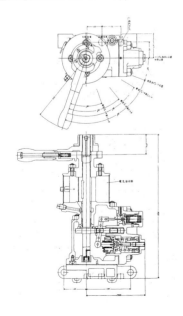

■「無音電車」相関図　空気制動装置一覧　セルフラップ式ブレーキ弁の例

会社名	型式・番号	SLE-36	SM-3 PV-3	SME M-18	SME SA-2	SM3-D SA-2D セルフラップ電気接点付	SME-D ME-38	SLE-1 セルフラップ電気接点付	日立式電磁直通ブレーキ	PCC型全電気式エアレスタイプ
東京都電	5501									●
	5502		●							
	5503～5507		●							
	6501							●		
	7020						●			
東京急行電鉄	デハ201～206						●			
名古屋市電	1815→1901								●	
	1902～1921								●	
	1922								●	
	2001～2029								●	
大阪市電	3000				●					
	3001～3050				●					
南海電気鉄道	モ501～505						●			
神戸市電	1151	●								
	1152				●					
	1153～1157	●								
土佐電気鉄道	501			●						
西鉄福岡	1001～1015			●						
	1101～1105			●						

■「無音電車」相関図 台車一覧

メーカー	揺れ枕方式	軸箱支持方式	製造年				
			1953（昭和28）年	1954（昭和29）年	1955（昭和30）年	1956（昭和31）年	1957（昭和32）年
住友	下揺れ枕スイングハンガー コイルばね（オイルダンパー併用）	ペデスタル ウィングばね	FS-251 （大阪市電3001→3000）			FS-252 （大阪市電3001〜3030）	
	下揺れ枕スイングハンガー コイルばね（防振ゴム内蔵型）	ペデスタル 軸ばね				FS-253 （神戸市電1153〜1158）	
	ノンスイングハンガー インダイレクトマウントコイルばね（ゴム内蔵型）	軸箱梁式 インサイドジャーナル		FS-501（東京都電5501）			
	下揺れ枕スイングハンガー コイルばね（オイルダンパー併用）	ペデスタル 軸ばね	FS-351 （東京都電5502）	FS-351（東京都電6501）			
	下揺れ枕スイングハンガー コイルばね（防振ゴム内蔵型）	ペデスタル 軸ばね			FS-353 （東京都電5503〜5507）		
	ノンスイングハンガー インダイレクトマウントコイルばね（ゴム内蔵型）	軸箱梁式		FS-352（神戸市電1152）			
東芝	下揺れ枕スイングハンガー コイルばね	軸箱梁式 （コイルばね&ゴム併用）		TT-101（東京都電7020） TT-102（神戸市電1151）			
日立	下揺れ枕スイングハンガー コイルばね（日立式カム吊りリンク）	日立式軸梁	KL-4 （名古屋市電1815→1901）	KL-5 （土佐電気鉄道501） （名古屋市電1902〜1922）		KL-8 （名古屋市電2003〜2029）	
	ノンスイングハンガー インダイレクトマウント空気ばね	軸箱梁式					KL-10 （名古屋市電2002）
川崎車輌	下揺れ枕スイングハンガー コイルばね（防振ゴム内蔵）	川車OK型軸梁		OK-10AB （西鉄福岡1001〜1005）			OK-10CD （西鉄福岡1006〜1015）
汽車会社	下揺れ枕スイングハンガー コイルばね（オイルダンパー併用）	ペデスタル 軸ばね		KS-111 （西鉄福岡1101〜1105）			
	ノンスイングハンガー インダイレクトマウント空気ばね	軸箱梁式イコライザー （軸箱部はゴムパッド）				KS-53 （南海モ501〜505）	
東急車輌	ノンスイングハンガー インダイレクトマウントコイルばね	インサイドジャーナル （軸箱部は緩衝ゴム支持）			TS-302 （東急デハ201〜206）		
日本車輌	下揺れ枕スイングハンガー コイルばね	ペデスタル 軸ばね					
	下揺れ枕スイングハンガー コイルばね	ペデスタル 軸ばね		NS-2 （名古屋市電1901）		NS-6 （名古屋市電2001）	

4.7 台車 ～ロンビック構造の功罪～

PCCカー用B-3台車に代表されるインダイレクトマウント軸箱梁式かつ、心皿を中心とした対称2点間を可撓構造とした「ロンビック構造」は、台車の軸距離を保ち、軌道に対し車軸を直角に維持しつつも各車軸の上下動を許容する構造で、軌道に対する追従性向上と軽量化を主眼に置き、PCCカーの主要パテントであった。

国内の台車メーカーや事業者は期待を持って試作・試用したが、軸ばねを省略し巨大な軸箱梁で軸箱同士を繋ぎ軸バネを省略、軸箱支持はゴムブッシュのみで支持する構造であった。いわばイコライザー式台車からペデスタルなどの摺動部を防振ゴムを用いて省略した構造であり、「軸箱梁式」「剛枠構造」と名付ける国内メーカーもあった。

そのため防振性能は枕ばねに頼ることとなり、米国PCC車ではスナッパー付き防振ゴムを内蔵した非常に柔らかいコイルばねを用いた。「無音電車」の台車でも採用例が多く、比較的早期に空気ばねを採用する路面電車用台車が登場する機運を生み出した原動力であったのは間違いない。

しかし一方で、折角のカルダン駆動機構で車軸より分離した主電動機が、軸ばねを省略したため結局バネ下荷重となり、軌道からの衝撃も無視できない構造となった。台車メーカーも、主電動機装荷をゴムで弾性支持する方式、またイコライザー台車と同様に小型の台車枠に主電動機を装荷、台車枠を釣り合いばねで指示する方式などが模索されたが、普及することなく従来からの「揺れ枕吊り」式と軸ばねを装備した台車が主流となった。

4.8 弾性車輪

防音効果の非常に高い弾性車輪であるが、その素材である天然ゴムは非常に高価であった。そして剪断型ゴムをスペーサーボルトで圧縮し剪断力を付加する構造のため、ボルトの弛緩を定期的なチェックが必要であった。さらに撓んだ剪断ゴムの反発力で、レールが波状摩耗するというケースもあったという。

○住友金属スペーサーボルト使用弾性車輪

○住友金属／汽車会社　SAB型弾性車輪

PCC型弾性車輪（左）／SAB型弾性車輪図面

日光観光の足としても活躍した東武鉄道
日光軌道線を行く連接車200形206号。
1958.8.19 市役所前 P：荻原二郎

5.「無音電車」の功績と課題

A. 防音防振性能

弾性車輪とカルダン駆動により、防音効果は在来車両に対し平均7ホン程度確認されている。さらに防振構造も効果があり、左右振動加速度などが減少されたことが各地の試運転で確認されている。右表に名古屋市と大阪市の例を示す。

B. 車両運用と保守

六大都市の市電は、その両数の少なさから配属先と運用路線を限定する傾向にあったのは否めない。故障時における迅速な対応が必要なため、車両工場の傍での配属がほとんどであった。実際の故障時等の対応は、試作車の段階ではメーカー対応となるケースも多々あったと思われる。

そのなかで使用実績を積み上げて「無音電車」を大量増備できたのが、大阪市交通局と名古屋市交通局である。大阪市交通局は戦前より地下鉄を開通させ、間接制御の保守に関して一定の経験があったこと、名古屋市交通局も「無音電車」ベースで1957(昭和32)年開通の地下鉄用車両(100形)を設計、その後の間接制御や弾性車輪等、保守経験の積み上げがあったと考えられる。対して東京都交通局、神戸市交通局は高速電車の経験がなく、間接制御・カルダン駆動・弾性車輪に代表される「無音電車」の技術に適応できなかったことは非常に悔やまれることであった。

■名古屋市電騒音比較表(平均レベル)

車両の速度(km/h)	車内騒音 15	25	35	車外騒音 15	25	35
1540号(直接制御・吊掛駆動)	75	81	83	76	84	86
1810号(間接自動・弾性車輪・防音ギヤ吊掛駆動)	70	76	81	73	76	81
1815号(間接自動・弾性車輪・2段減速直角カルダン)	69	77	79	74	77	76

■大阪市電騒音比較表(平均レベル)

車両の速度(km/h)	車内騒音 15	25	35	車外騒音 15	25	35
833号(直接制御・吊掛駆動・ブリル台車)	78	83	86	80	85	92
2106号(直接自動・新型コイルばね台車・吊掛駆動)	77	79	82	79	84	87
3001号(間接自動・弾性車輪・すぐ歯直角カルダン)	67	71	73	77	81	83

車両の運用に関しても、直接制御・吊掛駆動車とは異なる運転操作が要求されるため、路線を限定運用されることが多かった。例を挙げると、大量増備された大阪市交通局では、1601形での間接制御の試験/試作車3001号/電空併用ブレーキ弁の試験車2201形は今里車庫、量産車3001形は天王寺車庫/都島車庫に集中配置されていた。

■「無音電車」の配置

○東京都交通局：三田車庫
　1系統　品川駅前～上野駅前
○横浜市交通局：滝頭車庫
○名古屋市交通局：沢上車庫、浄心車庫
○京都市交通局：烏丸車庫
○大阪市交通局：今里車庫、天王寺車庫、都島車庫
○神戸市交通局：和田車庫

東京都電5500形は三田車庫に配属され、大型車体で特殊装備ということもあり品川駅前～上野駅前間の1系統で限定運用された。しかし同系統が1967(昭和42)年に廃止されたことから運命を共にし、除籍された。
1967.12.3　三田車庫
P：荻原俊夫

営団地下鉄丸ノ内線300形(313号)。赤い車体にサインカーブ付きの白帯や両開き扉など、これまで国内では見られない斬新な外観デザインでも注目を集めた。
小石川検車区　P：鈴木靖人

6．米国PCC車より発展した私鉄高速電車

6.1　帝都高速度交通営団丸ノ内線300形

○WH系PCCカーの正常進化型
●電気品：三菱電機　台車／駆動装置：住友金属

　米国PCCカーのWHタイプの機器類を長編成対応と車輌サイズ大型化に適応させ、1948(昭和23)年に登場したNY地下鉄のR10をベースに製造された経緯を持つ。特にスポッティング付連動接点式単位スイッチ制御器ABSと電空併用電磁直通ブレーキSMEEは、WHのドラム型PCCコントロールを長編成対応可能とするために開発され、三菱電機とWHとの提携を経て、日本への技術移転を果たしたものである。

　都電と地下鉄でPCCに始まる系譜の車両を投入した形だが、結果的に輸送力と高速性で地下鉄に軍配が上がり、都電の撤去が進む一因ともなったと考えられる。

6.2　阪神電気鉄道5001形

○ジェットカーのルーツは米国シカゴのPCCカー
●製造：川崎車輌・日本車輌／1958(昭和33)年
●電機品：東芝／東洋　台車：東芝／住友／汽車製造

　阪神電鉄ではジェットカー開発に当たって、その範を米国PCCカーに求めた。1956年に戦前製1130号を第1次試験車へ改造する際にTRC社のパテントを取得している。

　WH／三菱の営団300型に対して、阪神ではGE／東芝の組合せとなり、当時最新のMCMパッケージ制御器にハイポイドギヤ使用の直角カルダン駆動、PCCカー用B-3台車をベースに設計された軸箱梁式台車である東芝TT-7を履き、営団300形に対して濃厚にPCCカーのイメージを残していた。ジェットカー試作車5001形は1130号より機器を移設し1958(昭和33)年に竣工している。

阪神ジェットカー試作車の5001形。登場時は正面2枚窓であったが後に正面貫通化改造が行われ、廃車後は高松琴平電気鉄道に譲渡されて2扉の吊掛駆動車として活躍した。
1958年　芦屋
P：大須賀一之助
(所蔵：宮武浩二)

広電宮島より長駆、広島駅前に到着目前の広島電鉄2500形。背景の駅ビルも過去のものとなった。　　　　P：合葉清治

7．「無音電車」規格を鉄道線直通車に応用した広島電鉄

間接自動制御・電空併用ブレーキ・カルダン駆動・弾性車輪など、「無音電車」の技術的系譜は、路面電車衰退とともに途絶えたかに思われた。しかし「無音電

■広島電鉄 諸元表

事業者	広島電鉄		
型式	550形 551号	2000形 2001〜2009号	2500形 2501〜2510号 (2両連接車5編成)
製造年	1955(昭和30)年	1960(昭和35)年	1961(昭和36)年
製造メーカー	ナニワ工機	ナニワ工機/広電自社工場	
全長×全幅×全高(mm)	12000mm×2440mm×4190mm	12000mm×2440mm×4190mm	18320mm×2440mm×4190mm
自重(ton)	不明	17.5t	23.0t
車体構造	全鋼製	全鋼製	←
全界磁定格速度／弱め界磁定格速度	25.3km/h／弱め界磁なし	27.6km/h／55.0km/h	29.0km/h／55.0km/h
最大加速度／減速度	5.1km/h/sec／4.8km/h/sec	3.5km/h/sec／4.0km/h/sec	3.5km/h/sec／4.0km/h/sec
台車	住友金属 FS-69	日本車輌 NS-504/NS-508B	←
車体支持方式	揺れまくら吊り	揺れ枕吊りボルスターアンカー	←
枕ばね	コイルばね/オイルダンパー	トーションバー(捻り棒ばね)	←
軸箱支持方式	ペデスタル軸ばね	日車SIG円筒案内式	←
軸ばね	コイルばね		
車輪	住友金属 弾性車輪/剪断ゴム	一体鋳鋼車輪	←
制御システム	三菱電機AB-44-6MDB 力行/制動12段	東洋電機製造ACD-430-255A弱め界磁付き 力行15段/制動10段 日本車輌NCA-304L-RCW弱め界磁付き 力行15段/制動10段	東洋電機製造ACD-440-255B 弱め界磁付き
マスターコントローラー	三菱電機KL-553 力行3ノッチ	東洋電機製造ES-46A 力行5ノッチ 日本車輌型式不明 力行5ノッチ	東洋電機製造ES-46B 力行5ノッチ
制御電源	MG/DC100V	架線電圧より抵抗降圧 DC-100V	←
制御機器動作方式	電磁単位スイッチ	電磁単位スイッチ	←
抵抗短絡方式	電動ドラム式	電動カム軸式 東洋電機製造ES-255A/日本車輌NA-223	電動カム軸式 東洋電機製造ES-255B
予備励磁方式	界磁への強制励磁	界磁への強制励磁	←
主電動機	三菱 MB-82N	日本車輌NE-30/NE-30A	東洋電機製造TDK-546/2-C・2-G1C
出力／端子電圧／定格電流	30kw 300V 120A	30kw 300V 118A	40kw 300V 118A
定格回転数／重量／個数	1000rpm 650kg 4個	1000rpm 585kg 4個	1000rpm 585kg 4個
駆動方式	ノーズサスペンション式吊掛駆動	ノーズサスペンション式吊掛駆動	ノーズサスペンション式吊掛駆動
歯車比	65:15=4.33	69:14=4.93	69:14=4.93
電制/空制同期	締切電磁弁・射込弁	DD-1ブレーキ制御装置	DD-1ブレーキ制御装置
発電ブレーキ操作	セルフラップブレーキ弁3ノッチ	セルフラップブレーキ弁3ノッチ	セルフラップブレーキ弁4ノッチ
空気ブレーキ	SM-3-D	日本エヤーブレーキSLED	←
ブレーキ弁	三菱電機SA-2-MD	日本エヤーブレーキME-36-W	日本エヤーブレーキME-36-SW
基礎ブレーキ	路面ブレーキ片押式	路面片押式	路面片押式

車仕様書」の規格を用いて鉄道線直通運用を実現し車両の体質改善に成功、次代の「軽快電車」への発展につなげたのが中国地方の雄、広島電鉄である。

終戦直前の原爆投下による被害を乗り越え、戦後復興より発展期を迎えていた広島電鉄は、純粋な市内電車である「市内線」と宮島までの鉄道線「宮島線」の直通運転を計画。鉄軌直通運転の方式についての案については、

A.宮島線用高床車を紙屋町・八丁堀まで乗り入れ

→背景として、当時は己斐(西広島)～天満橋間が専用軌道であったことが考えられる。

B.市内線低床車を高性能化して宮島線に乗り入れ

→市内線の路線網を活かせる。起点終点の設定の自由度が高い。

の二案が検討され、各々試作車を製造することになり、市内線からの低床車直通仕様検討のために「六大都市無音電車規格統一研究会」推奨仕様の車両を試作している。

駆動装置以外は「無音電車規格統一研究会」推奨の仕様で製造された広島電鉄550型551号。　　1992.6.2　十日市町　P:宮武浩二

7.1　広島電鉄550形551号

○鉄道線直通対応の試作車
● 形式：広島電鉄550形551号
● 製造：ナニワ工機／1955(昭和30)年
● 電機品：三菱　台車：住友

名古屋市電1800形、東京都電5502号、大阪市電3000号に端を発する「多段式間接制御器」「防音防振構造の台車」を試験的に採用した、いわゆる「無音電車」。車体はナニワ工機、台車は住友金属FS-69に弾性車輪、制御装置は三菱電機AB-44-6MDB永久並列4個モーターの電動ドラム式間接自動進段式で主制御器は力行・電制14段である。

制動装置に三菱SM-3D(発電ブレーキ併用直通空気ブレーキ)、ブレーキ弁は三菱SA-2M-D発電ブレーキ併用電気接点付きセルフ・ラップブレーキ弁、制御電源にMG搭載と当時の先端技術を盛り込んだ試作車である。駆動装置は保守面を考慮し吊掛駆動方式であり、モーターは三菱MB-82-Nで30kW×4基搭載、端子電圧を300Vとして停止用発電ブレーキ常用に対応、定格回転数を1,000rpmとして歯車比69:14=4.93と吊掛駆動では異例の高ギヤ比として高加減速に対応。大歯車に防振ゴムを挿入して防音に考慮されていた。

以上の機器構成は、駆動装置を除いて「無音電車規格統一研究会」推奨の仕様であり、兄弟車としては後に広島電鉄に譲渡されることになる神戸市電1152号(広電譲渡時には直接制御化、台車を振り替えていたが)が挙げられる。

以上の機器構成を装備した551号は期待通りの性能を発揮し、特に加速度は2.5km/h/sec～3.8km/h/sec～5.1km/h/secの高加速を誇ったが、モーターの定格回転数をそこまで高く取れない吊掛駆動方式であることと、加速に重点をおいたギヤ比のため最高速度が50km/hと意外に伸びず、宮島線内の高速走行には厳しい側面もあり、走行性能の特性の変更を次形式では必要とされた。

550型554号。551号とほぼ同形であるがこちらは直接制御車である。ともに弾性車輪を装備し、鉄道線直通認可を受けていた。
　　　　　　　　　1965年頃　広島駅前　P:佐藤進一

41

広電2000形2004号。本格的な宮島線直通対応車で、「市街軌道用無音電車仕様書」の規格を部分適用している。写真は単行運転の時代のもので、後に輸送力増強のため2両永久連結化されることになる。　　　　　　　　　　　1965.12.3　P：佐藤進一

7.2　広島電鉄2000形

○鉄道線高速運転対応「広電の決定版」
● 形式：広島電鉄2000形
● 製造：ナニワ工機・広電自社工場／1960(昭和35)年

　551号に続き1958(昭和33)年に就役したのが850形(現・350形)であり宮島直通対応車である。551号の使用実績から機器構成に大幅な変更が見られる。台車は日車NS-11、551号のFS-69と変わらない構成の軸バネ式コイルバネ台車だが、弾性車輪は採用されなかった。

　制御装置は日車NCH-502L-RUD、永久並列力行7段・電制7段の間接手動進段式で、主制御器はNA-143電磁接触器式、電制の使用は出来るがブレーキ弁による同期機構は搭載せずマスコン側での発電ブレーキ操作となる。

　制動装置はSM-3直通空気ブレーキで、ブレーキ弁はPV-3と手堅くまとめている。モーターは日車NE-50(50kW)を2基搭載、端子電圧600Vで定格回転数が1,100rpmとかなりの高回転形、宮島線内の高速走行を考慮した機種選定であろうか。歯車比も68:14と551号に比べて高速指向となっている。補助電源は搭載せず機器を全体的に簡素化している。

　この機器構成、台車は別として実は東京都電8000形と同一で、都電8000形をモデルにした富山地鉄7000形や函館市電800形などとも兄弟車という側面も

1958(昭和33)年に製造された850形。都電8000形ベースの機器構成であった。その後直通運用から撤退し、1971(昭和46)年に350形へ形式変更された。
1961年頃　P：奥野利夫

広電850形と機器構成が共通である都電8000形。
1957.5　高田馬場　P所蔵：宮武浩二

あり興味深い。日車のメーカー提案を受けた形であると考えられる。実際に直通運用に就役するとブレーキ弁による電制が使用出来ないため、高速域から空制のみで制動をかけることになり、宮島線内でのブレーキ性能に難があった。よって次形式では「市内線内の高加減速」「宮島線内の高速性能」「高速域からのブレーキ性能」を備える必要があった。

そして1960(昭和35)年に製造したのが、宮島直通対応車2000形である。551号と850形の使用実績から機器構成が吟味され、当時の国内の軌道線で使用される車輪径660mmの低床車としては破格の走行性能を備える。

制御装置は間接自動進段式で永久並列繋ぎに変更はないが、宮島線内の高速走行に対応するため新たに弱め界磁制御が装備された。主制御器はこれまでの電動ドラム式・電磁単位スイッチ式から電動カム軸式に変更され、小型軽量化。カム接触器はノーマルクローズ式として接触不良に対応。力行15段電制10段とステップ数を適性化した。

制動装置はSLEDと聞き慣れない呼称だが、551号同様の発電ブレーキ併用直通ブレーキである。サプライヤーが三菱電機から日本エヤーブレーキに変更。ブレーキ弁は電空併用式であるME-36-SWブレーキ弁を採用、締切電磁弁と射込弁を用い電空同期を採用したのは551号と同様だが、併用軌道での電気制動デッドタイム対策のため、主幹制御器のレバーサーハンドルOFFでの電制切り離し機構を採用。続行運転など運転間隔輻輳区間において空気ブレーキのみ使用できるようになった。

主電動機は日車NE-30を4基搭載。「無音電車仕様書」推奨仕様である主電動機4機搭載に戻り、市内線内の高加速性能に考慮している。全界磁定格回転数は900rpmと低めだが、弱め界磁率を30%に設定。他社局では電制常用に対応してB種絶縁とした例が多いが、この2000形からは宮島線内の高速運転対応のため、H種絶縁とされたことが大きな特徴である。これらの改良で設計最高速度を70km/hまで向上させることが可能となった。駆動装置は保守面、コスト面を考慮して吊掛駆動方式を引き続き踏襲する。

台車は新たに日車製のトーションバー式揺れ枕装置を装備したNS-504を採用。軸箱支持方式も円筒案内式(近車シュリーレン式と同一機構)で、高速走行時の蛇行動防止と枕ばねへのトーションバー採用による台車重量を軽量化、吊掛駆動採用による重量増を相殺している。

2000形は「市街軌道用無音電車統一仕様書」に準拠しつつ鉄道線である宮島線内の高速走行向けの新機構を採用し、MGは搭載せずにコストダウンと性能向上を上手にバランスさせた2000形は、以後の宮島直通車の道標となり「広電の決定版」と称された。

2両永久連結化された2000形(2009ほか)。この後1985(昭和60)年に冷房化、方向幕の大型化を経て2009(平成21)年まで活躍を続けた。
P：合葉清治

43

宮島線との鉄軌分界点である己斐に到着した広島電鉄2500形2502号。2000形の連接バージョンであるが、主電動機出力強化など更なる改良が施されている。
P：奥野利夫

7.3　広島電鉄2500形→3100形

○「市街軌道用無音電車統一仕様書」最後の規格適用車

　2000形は12m級ボギー車で、当時2両編成化が進められていた宮島線の鉄道線用車両と比べ輸送力が不足していたため、1961(昭和36)年より2000形の2車体連接バージョンとして、2500形の製造が開始された。

　機器構成は2000形と同様の「無音電車仕様書」準拠である永久並列繋ぎ／弱め界磁／電空併用ブレーキ対応間接自動進段式制御装置、トーションバー台車装備であるが、2車体連接化による重量増対応のため電動機出力が40kWに増強され、ギヤ比も牽引力重視のため69:14に設定された。

　2500形は一次車(2501〜2504)がナニワ工機、二次車(2505〜2510)が広電自社製造であったが、三次車

同じ2500形でも2511〜2514の2編成は、コストダウンのため1929(昭和4)年製造の大阪市電1601形の車体と大阪市電形台車を流用し連接改造を施した。主電動機と制御装置、制動装置を2500形の機器類に換装している。
P：合葉清治

2500形を3両連接改造した3100形の運転台。マスコンは東洋ES-46。ブレーキ弁はカバーに覆われているが、日本エヤーブレーキME-36-SWであり鹿児島市電700形にも採用された。マスコンのレバーサーをOFFにすることで空気ブレーキのみ使用できる電制カット機構が特徴である。
2023.2.18　千田車庫　P：松田義実

（2511〜2514）はコストダウンの要請もあり大阪市電1601形の車体と住友KS-46（大阪市電型台車）を4両分購入、2車体連接化と主電動機／電装品／ブレーキを2500形と同一品に換装し、新製名義で竣工させている。

1985（昭和60）年よりさらなる輸送力増強のため、2500形の一〜二次車を3車体連接に改造、冷房化の上、3100形と型式を改めた。3車体連接化による出力増強策として、4基装備であったモーターを2つある連接台車にも1基ずつ搭載、40kW×6基装備として主制御器を両先頭車に搭載。一方の主制御器は従来通りの1C4M、もう一方は1C2Mとし、力行時は6個モーター、電制時は4個モーターで制御して連接台車のモーター2基は使用しないという、変則的な繋ぎに

日本車輌NS-508台車。枕ばねに捻り棒ばねを用いボルスターアンカーを装備したトーションバー台車である。広島電鉄では2000形よりトーションバー台車を採用している。
2023.2.18　千田車庫　P：松田義実

改造された。

現在も宮島線荒手車庫所属で平日朝ラッシュ時に輸送力列車として稼働しており、吊掛駆動方式ではあるが「無音電車仕様書」準拠のコントローラー／電空併用ブレーキを令和の時代に伝えている。

2500形は1986（昭和61）年より冷房化と3両連接車への改造が施行され、形式も3100形となった。その際に連接台車にもモーターが搭載され6個モーター車とされている。
2022.3.12　荒手車庫　P：松田義実

■「無音電車」トピックと対象車両 国内時系列　　※アミ部分はRML291巻「公営カルダン車編」掲載のもの　　作成：松田義実

時期(年)	事業者	形式	トピック	メーカー
1936 昭和11	■米国　NYブルックリン　最初のPCCカーロールアウト			
1937 昭和12	阪神国道電軌	71形	米国GE：PCM制御器のライセンス品 電空油圧カム軸式RPM多段制御器採用	芝浦製作所
	神戸市交通局	700形	ゴム入り弾性車輪を採用	神戸市交通局
	九州鉄道	21形	DC1500V用電空油圧カム軸式多段制御器PA-2 軽量構造　高速主電動機採用	芝浦製作所
1939 昭和14	東京市電気局	米国PCCカーの調査・研究を開始		
1941 昭和16	■日米開戦			
1950 昭和25	横浜市交通局	間接自動制御器の試験		日立製作所
1951 昭和26	■日本PCCカー委員会発足			
	横浜市交通局	1500形(1501～1520)	間接自動制御／4個モーター／電気制動常用	日立製作所
1952 昭和27	名古屋市交通局	間接自動制御器の試験		三菱電機
	大阪市交通局	間接自動制御器の試験		三菱電機
	川崎市交通局	PCCカー用整流子型超多段制御器の採用		東芝
1953 昭和28	■六大都市無音電車規格統一研究会　開催			
	京都市交通局	800形(866～880)	間接自動制御／セルフラップブレーキ弁	三菱電機
	名古屋市交通局	1800形(1801～1814)	間接自動制御／弾性車輪／電空併用ブレーキ弁	三菱電機／住友金属
	西日本鉄道 北九州線	1000形(1001～1010)	間接自動制御／電気制動常用／軸梁式台車	東洋電機製造／川崎車輌
	名古屋市交通局	1800形(1815)	間接自動制御／弾性車輪／直角カルダン駆動／ ワンハンドル運転	日立製作所
	大阪市交通局	3000形(3001→3000)	間接自動制御／弾性車輪／直角カルダン駆動	三菱電機／住友金属
	東京都交通局	5500形(5502)	間接自動制御／弾性車輪／W.Nドライブ	三菱電機／住友金属
1954 昭和29	東武鉄道 日光軌道線	200形(201～206)	間接自動制御／電空併用ブレーキ弁	東洋電機製造／日本エヤーブレーキ
	東京都交通局	5500形(5501)	TRCパテント準拠車 WHタイプ・全電気式・B-3トラック・足踏みペダル式	三菱電機／住友金属
	東京都交通局	6500形(6501)	間接自動制御／弾性車輪／W.Nドライブ／ 電空併用ブレーキ弁	東洋電機製造・日本エヤーブレーキ／ 三菱電機／住友金属
	大阪市交通局	2200形(2201～2211)	間接自動制御／電空併用ブレーキ弁・スポッティング	東芝・日本エヤーブレーキ
	西日本鉄道 福岡市内線	1001・1101形	準張殻構造(1001形のみ)／間接自動制御／ 中空軸平行カルダン駆動	東洋電機製造／ 川崎車輌・汽車会社
	名古屋市交通局	1800形(1821～1830)	PCC形台車・ワンハンドル運転	三菱電機／住友金属
	名古屋市交通局	1900形(1901～1921)	ワンハンドル運転／直角カルダン駆動・輸入ハイポイドギヤ	日立製作所
	土佐電気鉄道	500形(501)	日立モデルカー　直角カルダン駆動・ 国産スパイラルベベルギヤ／電空併用ブレーキ弁	日立製作所
1955 昭和30	京都市交通局	900形(901～915)	間接自動制御／弾性車輪／電気制動常用／ セルフラップブレーキ弁	東洋電機製造・三菱電機／ 住友金属
	東京都交通局	7000形(7020)	直角カルダン駆動・ハイポイドギヤ／ 電空併用ブレーキ弁・スポッティング	東芝・日本エヤーブレーキ
	神戸市交通局	1150形(1151)	直角カルダン駆動・国産ハイポイドギヤ／ 電空併用ブレーキ弁・スポッティング	東芝・日本エヤーブレーキ
	神戸市交通局	1150形(1152)	W.Nドライブ／ボルスターモーター台車	三菱電機／住友金属
	広島電鉄	550形(551)	鉄道線直通用試作車　間接自動制御／弾性車輪／ 電空併用ブレーキ弁	三菱電機／住友金属
	東京急行電鉄 玉川線	200形(201～206)	ボディーマウント式張殻構造／超低床／ 中空軸平行カルダン／他励スポッティング	三菱電機／東洋電機製造／ 東急車輌
	東京都交通局	5500形(5501～5507)	電動カム軸式制御器／弾性車輪／W.Nドライブ／ 他励スポッティング	三菱電機／住友金属
1956 昭和31	■「市街軌道用無音電車仕様書」制定			
	大阪市交通局	3001形(3001～3050)	電磁式軌条吸着トラックブレーキ採用	三菱電機・東洋電機製造・ 日立製作所／住友金属
	神戸市交通局	1150形(1153～1158)	PCCカー用第2世代コントローラー・パッケージ型MCM採用	東芝・日本エヤーブレーキ
	名古屋市交通局	2000形(2001～2029)	カルダン推進軸ドラムブレーキ	日立製作所
	名古屋市交通局	800形(801～812)	日本車輌NSL　超軽量車体　車体装荷乗り越しカルダン駆動	日本車輌
1957 昭和32	南海電気鉄道 大阪軌道線	モ501形(501～505)	空気バネ台車／中空軸平行カルダン／ 他励スポッティング	三菱電機・東洋電機製造／ 汽車会社
1958 昭和33	阪神電気鉄道	5001形	本線用ジェットカー試作車 TRCライセンス採用　パッケージ形MCMコントローラー	東芝・東洋電機製造／ 住友金属・汽車会社
1960 昭和35	広島電鉄	2000形(2001～2009)	鉄道線直通用 SIG式トーションバー台車／ 弱め界磁制御	東洋電機製造・日本車輌
1961 昭和36	広島電鉄	2500形	2000形の連接版 「市街軌道用無音電車仕様書」最後の規格適用	東洋電機製造・日本車輌
1967 昭和42	鹿児島市交通局	700形(701～704)	大阪市電3001形を譲受・連接車に改造 電空併用ブレーキ弁／ディスクブレーキ	東洋電機製造・ 日本エヤーブレーキ

46

■日米間電気車の技術移転　概念図

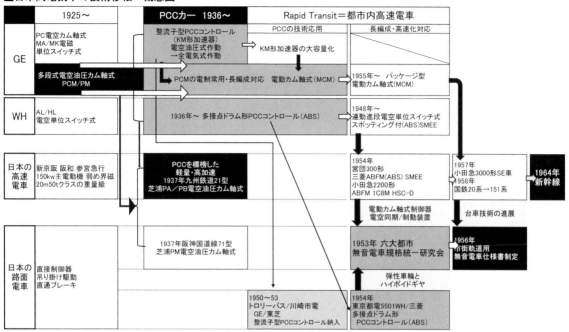

西日本鉄道福岡市内線1101形1103号。　　　　　　　　多々良車庫　P出典：山本魚睡コレクション（監理：NPO福岡鉄道史料保存会）

47

おわりに

「公営カルダン車」編でも記したが、本書の執筆に際して稲葉克彦氏より提案を頂きRMライブラリー編集部とコンタクトを取って頂いたのであるが、その際の「著書を発刊して後世に資料として残すのが趣味人の役目」の言葉が印象に残っている。

1950年代中盤の高性能車ブームにおける路面電車界のいわゆる「PCCカー」の影響を受けた高性能車群を紹介するにあたり、車両の紹介に徹するか車両技術史として展開していくべきか、大いに頭を悩ませた。当該車両の調査が進むうちに、技術史としてある程度俯瞰していかなければ、実像を理解することはできないという結論に達し、編集部の了解を頂いて2部構成となった。

筆者個人の解釈として、1960年代に於ける路面電車衰退期にこの「無音電車」の系譜は、一旦途絶えたかたちになっているものの、広島電鉄が次世代「軽快電車」開発の際に使用実績として時代に繋げた節は、賛否両論があると思われるが「無音電車」の技術要素を長年使用してきた事実もあり、筆者個人の説として紹介させて頂いた。この拙著をきっかけに、今まで歴史に埋もれてきた「無音電車」というカテゴリーの調査研究が深まれば幸いであると考えている。

最後に編集で度々のご迷惑をおかけしたRML編集部の水野氏、貴重な画像を提供いただいた諸先輩の皆様に厚く御礼を申し上げる次第であります。

松田義実（NPO福岡鉄道史料保存会）

● 出典および参考文献
『軌道許認可』　建設省道路局　国立公文書館所蔵
『軌道許認可』　福岡県土木課　福岡共同公文書館所蔵
三菱電機技報　芝浦レヴュー　東芝レビュー　日立評論
東洋電機製造技報　住友金属要覧　KSK技報
『鉄道ファン』各号　交友社
『鉄道ピクトリアル』各号　電気車研究会
『Rail Magazine』各号　ネコパブリッシング
『鉄道ダイヤ情報』各号　交通新聞社

晩年の東急玉川線デハ200形（205）。わずか14年の活躍であったが、その先進性は令和の現在でも見劣りしないものであった。
1969.2.12　大橋　P：荻原二郎